Lecture Notes in Mathematics

A collection of informal reports and seminars
Edited by A. Dold, Heidelberg and B. Eckmann, Zürich

130

Falko Lorenz
Universität Konstanz, Fachbereich Mathematik

Quadratische Formen über Körpern

Springer-Verlag
Berlin · Heidelberg · New York 1970

This work is subject to copyright. All rights are reserved, whether the whole or part of the material is concerned, specifically those of translation, reprinting, re-use of illustrations, broadcasting, reproduction by photocopying machine or similar means, and storage in data banks.

Under §.54 of the German Copyright Law where copies are made for other than private use, a fee is payable to the publisher, the amount of the fee to be determined by agreement with the publisher.

© by Springer-Verlag Berlin · Heidelberg 1970. Library of Congress Catalog Card Number 70-117194 Printed in Germany. Title No. 3286

VORWORT

Anstoß zu der vorliegenden Ausarbeitung einer Vorlesung, die ich im Sommersemester 69 im Rahmen eines Lehrauftrages an der Universität Heidelberg gehalten habe, war ein Vortrag von E. Witt im Heidelberger Mathematischen Kolloquium. Bei dieser Gelegenheit hat Witt u.a. die bekannten Pfister'schen Resultate auf eine neue und sehr einfache Weise behandelt, indem er den Begriff der "runden" quadratischen Formen einführte. Die Darstellung der Pfister'schen Ergebnisse in dem von Witt skizzierten Rahmen wurde in §4 und §12 gegeben. Zum Begriff der runden quadratischen Formen vgl. §3.

Herrn Professor Witt bin ich für seine Zustimmung zur Herausgabe dieser Vorlesungsaufzeichnungen, die seine bisher nur mündlich kursierenden Beweise und Sätze enthalten, sehr zu Dank verpflichtet; ebenso möchte ich Herrn Pfister für seine Unterstützung vielmals danken. Besonderen Dank schulde ich auch Herrn Professor Roquette sowie Herrn J. Leicht; auf Gespräche mit Herrn Leicht geht der Inhalt von §11 zurück.

INHALTSVERZEICHNIS

§0 Präliminarien 5

    Definitionen 5

    Diagonalform 7

    Summe und Produkt quadratischer Formen 8

    Wittscher Kürzungssatz 10

    Eine Formel für Binärformen (0.10) 11

    Bezeichnungen 11

    Definition des Wittschen Ringes 15

    Beispiele: reell abgeschlossene und endliche Grundkörper 15

§1 Ein Satz von Cassels 18

    Satz von Cassels 18

    Einsetzungsprinzip 20

    Ein Teilformensatz 20

§2 Runde und multiplikative Formen 22

    Der Begriff der runden Form 22

    Erzeugung runder Formen (2.3) 22

    Beispiele 23

    Zusammenhang mit der Theorie der multiplikativen Formen von Pfister 24

§3 Quadratsummen und die Stufe eines Körpers 27

    Ein Satz von Pfister über Produkte von Summen von Quadraten (3.1) 27

    Ein zweiter Beweis von 3.1 28

Eine Verschärfung von 3.1	28
Die Stufe eines Körpers	31
Beispiele	32

§4 <u>Torsionselemente, Nullteiler und nilpotente Elemente im Wittschen Ring</u> 33

Eine Formel von Witt	35
Torsionselemente in $\mathfrak{W}$ haben eine Zweier-Potenz als Ordnung	36
Nullteiler in $\mathfrak{W}$ haben gerade Dimension	36
Nilpotente Elemente in $\mathfrak{W}$	37

§5 <u>Ein "Hasseprinzip" für quadratische Formen über reellen Körpern</u> 39

Beweis des Hauptsatzes (5.2)	40

§6 <u>Der "Satz 7" von Witt</u> 41

Beschreibung des Wittschen Ringes durch Erzeugende und definierende Relationen	41

§7 <u>Quadratische Formen über lokalen Körpern</u> 43

Beweis eines Satzes von Springer mittels 6.1	43

§8 <u>Quadratische Formen über nicht-reellen Körpern</u> 45

$\mathfrak{W}(k)$ ist 2-Torsionsgruppe für nicht-reelles k	45
$\mathfrak{W}(k)$ ist endlich genau dann, wenn k^x/k^{x2} endlich ist	46
Die Körperinvariante u	47
Eine Abschätzung von Kaplansky	49

§9 Quadratische Formen über reellen Körpern 50

    Wittsche Ringe ohne Torsion 50

    Einheiten in $\mathfrak{W}(k)$ für reelles k 50

    Isomorphie von $\mathfrak{W}/\mathfrak{W}^2$ und k^x/k^{x2} 51

    $\mathfrak{W}(k)$ ist noethersch genau dann, wenn k nur
    endlich viele Quadratklassen besitzt 52

§10 Bemerkungen über Erweiterung des Grundkörpers 52

    Quadratische Erweiterungen 52

    Ein neuer Beweis für 4.4 54

    Eine Formel von Pfister 54

    Beweis eines Satzes von Springer 56

§11 Die Primideale in $\mathfrak{W}(k)$ 57

    Hauptsatz: Die Primideale entsprechen im
    wesentlichen den Ordnungen von k 60

    Nilradikal und Jacobsonradikal von $\mathfrak{W}$ 60

    Neuer Beweis von 5.2 61

    Beschreibung der Nullteiler in $\mathfrak{W}$ 64

§12 Quadratische Formen über Funktionenkörpern mit
reell abgeschlossenem Grundkörper 65

    Satz von Tsen; die Bedingung (T_n) 65

    Ein Hilfssatz von Witt (12.3) 66

    Hauptsatz (12.4) 68

    Überall isotrope Formen 72

LITERATUR 74

INDEX 75

LISTE DER ZEICHEN 77

§0 Präliminarien

0.1 Mit k bezeichnen wir einen (kommutativen) Körper, von dem wir stets $\operatorname{char}(k) \neq 2$ voraussetzen. Es sei V ein Vektorraum endlicher Dimension über k. Wir betrachten Funktionen

$$\rho : V \to k$$

mit

(i) $\rho(cx) = c^2 \rho(x)$ für alle $c \in k$ und $x \in V$

(ii) $\rho(x+y) - \rho(x) - \rho(y)$

      ist eine Bilinearform von V in k. Wir setzen

(1) $\rho(x,y) = 1/2(\rho(x+y)-\rho(x)-\rho(y))$.

      Dann ist $\rho(x,x) = \rho(x)$.

(iii) ρ ist nicht ausgeartet, d.h.

      aus $\rho(x,y) = 0$ für alle y folgt $x = 0$.

Eine solche Funktion ρ heißt eine (nicht ausgeartete) **quadratische Form** auf V. Wir nennen die Dimension n von V über k die **Dimension von** ρ und schreiben

$$\dim \rho = n .$$

Im folgenden werden wir eine quadratische Form und die zugehörige Bilinearform mit dem gleichen Buchstaben bezeichnen.

Die obige Definition schließt den Fall $V = 0$ und $\rho = 0$ mit ein. Das ist im folgenden manchmal ganz praktisch. Sei jetzt $n \geq 1$ und $e_1, e_2, \ldots, e_n$ eine **Basis** von V über k. Dann gilt

(2) $\rho(x) = \Sigma a_{ik} x_i x_k$

mit $a_{ik} = \rho(e_i, e_k)$; dabei sind x_i die Koordinaten von x in bezug auf $e_1,\ldots,e_n$. $A = (a_{ik})$ heißt die __zu ρ gehörige Matrix inbezug auf die Basis__ $e_1,\ldots,e_n$. Wegen (iii) ist A nichtsingulär, d.h.

(3) $\qquad \det(A) \neq 0$.

<u>0.2</u> Wir sagen, zwei quadratische Formen ρ,ρ' auf V bzw. V' sind <u>äquivalent</u>, in Zeichen

$$\rho \cong \rho'$$

falls es eine lineare Abbildung h von V auf V' gibt[1] mit

(4) $\quad \rho'(h(x)) = \rho(x) \qquad$ für alle $x \in V$.

Wegen (1),(4) und (iii) ist dabei h ein Isomorphismus von Vektorräumen. Sind $e_1, e_2,\ldots,e_n$ bzw. $e_1',\ldots,e_n'$ Basen von V bzw. V' und hat h in bezug auf diese die Matrix $S = (s_{ik})$, so gilt für die Matrizen A, A' von ρ, ρ' in bezug auf die angegebenen Basen die Beziehung

(5) $\qquad A = SA'S^t$

(S^t ist die transponierte Matrix zu S). Die Matrizen A, A' heißen dann ebenfalls äquivalent.

<u>Verhalten bei Basistransformation:</u>
Es seien $e_1,\ldots,e_n$ und $e_1',\ldots,e_n'$ Basen von V , $S = (s_{ik})$ die Übergangsmatrix, d.h.

$$e_i' = \Sigma s_{ik} e_k$$

Dann gilt für die Matrizen A, A' von ρ in bezug auf $e_1,\ldots,e_n$

(6) $\qquad A' = S^t A S$

---
[1] V und V' seien beide Vektorräume über k

0.3 Es sei ρ eine quadratische Form der Dimension ≥ 1. Dann heißt die Qudratklasse von $\det(A)$ in k^x die <u>Determinante von</u> ρ [1]). Die Determinante von ρ bezeichnen wir mit $\det(\rho)$. Es ist also
$$\det(\rho) \in k^x/k^{x2} .$$

0.4 Man sagt, ein Element c aus k ist <u>dargestellt von</u> ρ, falls es einen Vektor z gibt mit $\rho(z) = c$.

0.5 ρ heißt <u>isotrop</u>, falls ρ die Null (nichttrivial) darstellt, d.h. es gibt $z \neq 0$ mit $\rho(z) = 0$.
<u>Beispiel:</u> $x_1^2 - x_2^2$ ist isotrop
Ist ρ nicht isotrop, so nennen wir ρ auch <u>anisotrop</u>[2]).

0.6 Jede quadratische Form $\rho \neq 0$ läßt sich auf <u>Diagonalgestalt</u> bringen. Genauer: Ist b ein Vektor aus V mit $\rho(b) \neq 0$, so gibt es eine <u>Orthogonalbasis</u> $b_1, b_2, \ldots, b_n$ von V mit

(7) $\quad b_1 = b$

Es ist also
$$\rho(b_i, b_k) = 0 \qquad \text{für } i \neq k$$

Setzt man $\rho(b_i) = a_i$, so ist

(8) $\quad \rho(x) = \Sigma a_i x_i^2$

wobei die x_i die Koordinaten von x in bezug auf die Basis $b_1, \ldots, b_n$ sind. Die quadratische Form ρ ist durch die $a_1, \ldots, a_n$ bestimmt. Wir schreiben auch

(9) $\quad \rho = (a_1, a_2, \ldots, a_n)$

und sagen, ρ sei als <u>Diagonalform</u> gegeben. Die a_i in (9) sind alle verschieden von 0.

---
1) Nach (3) ist $\det(A)$ verschieden von 0.
2) Die Form $\rho = 0$ ist anisotrop.

Beweis von 0.6: Induktion nach n. Wir betrachten den Teilraum

$$U = \{x \in V \mid \rho(x,b) = 0\}$$

Wegen $\rho(b,b) = \rho(b) \neq 0$ ist $\dim U = n-1$. Wir können annehmen, daß U schon eine Orthogonalbasis $b_2,\ldots,b_n$ besitzt. Dann ist $b_1, b_2,\ldots,b_n$ mit $b_1 = b$ eine Orthogonalbasis von V.

0.7 Sind ρ_1, ρ_2 quadratische Formen auf V_1, V_2, so definieren wir die (orthogonale) <u>Summe</u> $\rho_1 \oplus \rho_2$ auf $V_1 \oplus V_2$ durch

(10) $\qquad (\rho_1 \oplus \rho_2)(v_1 + v_2) = \rho_1(v_1) + \rho_2(v_2)$

und das (Tensor-) <u>Produkt</u> $\rho_1 \rho_2$ auf $V_1 \otimes V_2$ durch

(11) $\qquad (\rho_1 \rho_2)(v_1 \otimes v_2) = \rho(v_1)\rho(v_2)$

Liegen ρ_1 und ρ_2 als Diagonalformen vor, etwa

$$\rho_1 = (a_1,\ldots,a_m), \qquad \rho_2 = (b_1,\ldots,b_n)$$

so ist

(12) $\qquad \rho_1 \oplus \rho_2 = (a_1, a_2, \ldots, a_m, b_1, \ldots, b_n)$

und

(13) $\qquad \rho_1 \rho_2 = (a_1 b_1, a_1 b_2, \ldots, a_1 b_n, \ldots, a_m b_1, \ldots, a_m b_n)$

Im Sinne dieser Definition kann man statt $\varphi = (c_1, c_2, \ldots, c_n)$ auch

(14) $\qquad \varphi = (c_1) \oplus (c_2) \oplus \ldots \oplus (c_n)$

schreiben. In (14) wollen wir die Klammern der Einfachheit halber auch weglassen, also

(14') $\qquad \varphi = c_1 \oplus c_2 \oplus \ldots \oplus c_n$

schreiben. Mit

$$\rho_1 = \bigoplus_{i=1}^{m} a_i = a_1 \oplus \ldots \oplus a_m$$

$$\rho_2 = \bigoplus_{j=1}^{n} b_j = b_1 \oplus \ldots \oplus b_n$$

ergibt sich für das Produkt

(15) $\quad \rho_1 \rho_2 = \bigoplus_{i,j=1}^{m,n} (a_i)(b_j) = \bigoplus_{i,j=1}^{m,n} (a_i b_j)$.

Das Produkt eindimensionaler Formen ist also durch die Multiplikation in k gegeben, und durch die obige Definition wird dieses Produkt distributiv auf Formen beliebiger Dimension fortgesetzt. Es gilt offenbar

(16) $\quad \det(\rho_1 \oplus \rho_2) = \det(\rho_1)\det(\rho_2)$

und daher

(17) $\quad \det(\rho_1 \rho_2) = \det(\rho_1)^{\dim \rho_1} \det(\rho_2)^{\dim \rho_2}$

<u>0.8</u> Jedes ρ läßt sich schreiben in der Form

(18) $\quad \rho \cong (1,-1) \oplus \ldots \oplus (1,-1) \oplus \rho_0$

mit $k \geq 0$ Summanden $(1,-1)$ und einer <u>anisotropen</u> Form ρ_0. Genau dann ist ρ isotrop, wenn $k > 0$ ist. Die Darstellung (18) ist (bis auf Äquivalenz) eindeutig. k heißt der <u>Index</u> von ρ, ρ_0 der <u>anisotrope Kern</u> von ρ.

<u>Beweis:</u> Sei $\rho = (a_1, a_2, \ldots, a_n)$. Ist ρ anisotrop, so wähle man $\rho_0 = \rho$ und $k = 0$. Gibt es ein $z \neq 0$ mit $\rho(z) = 0$, so sei etwa $z_1 \neq 0$. Wir können dann

$$\sum_{i=2}^{n} a_i \left(\frac{z_i}{z_1}\right)^2 = -a_1$$

schreiben. Die Form $(a_2, \ldots, a_n)$ stellt also das Element $-a_1$ dar und infolgedessen (vgl. 0.6) gilt $(a_2, a_3, \ldots, a_n) \cong (-a_1, a_3', \ldots, a_n')$ mit gewissen a_i' aus k^x. Es folgt

$$\varphi \cong (a_1, -a_1) \oplus (a_3', \ldots, a_n') \ .$$

Für jedes $a \neq 0$ ist aber $(a,-a) \cong (1,-1)$, denn

(19) $\quad ax_1^2 - ax_2^2 = \left(\frac{a+1}{2}x_1 + \frac{a-1}{2}x_2\right)^2 - \left(\frac{a+1}{2}x_2 + \frac{a-1}{2}x_1\right)^2$.

Fährt man so fort, erhält man schließlich die Darstellung (18). Die Eindeutigkeit dieser Darstellung ergibt sich aus

0.9 (Witt'scher Kürzungssatz).

Aus $\rho \oplus \varphi \cong \rho \oplus \psi$ folgt $\varphi \cong \psi$

Beweis:

Es sei $\varphi = (b_1,\ldots,b_n)$, $\psi = (c_1,\ldots,c_n)$. Mit B bzw. C bezeichnen wir die (Diagonal-) Matrix von φ bzw. ψ.
Wir führen Induktion nach der Dimension von ρ. Es genügt dann, die Behauptung für eindimensionales ρ zu beweisen. Sei also $\rho = (a)$.
Nach Voraussetzung gibt es eine Matrix S, Vektoren $u,v^{1)}$ und eine Zahl r aus k^x mit

(20) $\quad \begin{pmatrix} r & u^t \\ v & S^t \end{pmatrix} \begin{pmatrix} a & 0 \\ 0 & B \end{pmatrix} \begin{pmatrix} r & v^t \\ u & S \end{pmatrix} = \begin{pmatrix} a & 0 \\ 0 & C \end{pmatrix}$

Nach Ausrechnen des links stehenden Matrizenprodukts erhält man die Gleichungen:

(21) $\quad \begin{aligned} u^t Bu &= a(1-r^2) \\ S^t Bu &= -arv \\ S^t BS + avv^t &= C \end{aligned}$

Gesucht ist eine Matrix M mit $M^t BM = C$. Wegen der dritten Gleichung unter (21) machen wir den Ansatz $M = S + X$ mit einer "unbekannten" $n \times n$ Matrix X.

---
1) "Spaltenvektoren" aus k^n

Es ist
$$M^t BM = S^t BS + X^t BS + S^t BX + X^t BX$$
und wir erhalten somit die Bedingung

(22) $-avv^t + X^t BS + S^t BX + X^t BX = 0$

Dies legt im Hinblick auf die Gleichungen (21) die Form $X = \lambda uv^t$ für X nahe. Für λ ergibt sich aus (22) die Bedingung

(23) $(r\lambda + 1)^2 = \lambda^2$

und diese Gleichung ist stets lösbar in λ.

<u>0.10</u>   Für zweidimensionale quadratische Formen gilt die Formel

(24) $a \oplus b \cong (a+b) \oplus (a+b)ab = (a+b)(1 \oplus ab)$

vorausgesetzt, daß $a + b \neq 0$.

<u>Beweis:</u>

Die Form $a \oplus b$ stellt das Element $a+b$ dar. Ist $a+b \neq 0$, so ist wegen 0.6 $(a,b) \cong (a+b,c)$ mit einem gewissen c aus k^x. Vergleicht man die Determinanten dieser beiden zweidimensionalen quadratischen Formen, so folgt $c \equiv (a+b)ab \mod k^{x2}$.

<u>0.11</u>   Mit $D(\rho)$ bezeichnen wir die Menge aller durch ρ nicht-trivial dargestellten Elemente

$$D(\rho) = \{\rho(z) \mid z \neq 0\}$$

Es ist $0 \in D(\rho)$ genau dann, wenn ρ isotrop ist. Wir setzen
$$\dot{D}(\rho) = D(\rho) \setminus \{0\} .$$
Um den Körper k hervorzuheben, schreiben wir auch $D_k(\rho)$ bzw. $\dot{D}_k(\rho)$. Wir nennen ρ <u>universell</u>, falls $\dot{D}(\rho) = k^x$, d.h. alle von 0 verschiedenen Elemente aus k von ρ dargestellt werden.

0.12   Jede isotrope Form ist universell.

Dies folgt aus 0.8 und der Tatsache, daß die Form $(1,-1)$ universell ist, denn $(1,-1) \cong (a,-a)$ für jedes $a \in k^x$.

0.13   Genau dann ist $b \in \dot{D}(\rho)$, wenn $\rho \oplus (-b)$ isotrop ist.

Ist nämlich $\rho \oplus -b$ isotrop, so gibt es einen Vektor z und eine Zahl x aus k, so daß $\rho(z) - bx^2 = 0$ und z, x sind nicht beide Null. Ist $x \neq 0$, so ist $b = \frac{1}{x^2}\rho(z) \in \dot{D}(\rho)$. Ist $x = 0$, so ist $z \neq 0$ und $\rho(z) = 0$. Also ist ρ isotrop, somit nach 0.12 universell und insbesondere ist $b \in \dot{D}(\rho)$. Die umgekehrte Implikation ist trivial.

0.14   Mit den in 0.11 eingeführten Bezeichnungen gelten die Formeln:

(25) $k^{x2}\dot{D}(\rho) \subseteq \dot{D}(\rho)$

(26) $D(c\rho) = cD(\rho)$ für alle $c \in k^x$

(27) $\dot{D}(\rho)^{-1} \subseteq D(\rho)$

(28) $D(\rho_1 \oplus \rho_2) = D(\rho_1) + D(\rho_2)$, außer wenn k nur drei oder fünf Elemente enthält[1].

Wegen (25) werden wir $\dot{D}(\rho)$ zuweilen als Teilmenge von k^x/k^{x2} auffassen. In diesem Sinne kann man z.B. davon sprechen, daß die Determinante $\det(\rho)$ von ρ dargestellt werden kann.

Beweis von 0.14: (25) und (26) sind klar. Sei $c = \rho(z)$ und $c \neq 0$. Dann ist $\rho(\frac{z}{c}) = \frac{1}{c}$, also gilt (27). Unmittelbar aus den Definitionen ergibt sich die Richtigkeit von

(29) $D(\rho_1 \oplus \rho_2) = (D(\rho_1)+D(\rho_2)) \cup D(\rho_1) \cup D(\rho_2)$.

Zum Beweis von (28) bleibt also

(30) $D(\rho) \subseteq D(\rho) + D(b)$

---
[1] Diese trivialen Ausnahmefälle werden wir in Zukunft ignorieren, wenn wir (28) anwenden wollen.

für beliebiges $b \in k^x$ zu zeigen. Sei $c \in D(\rho)$. Ist $c = 0$, so ist ρ isotrop und (30) ist dann sicher richtig (0.12). Sei also $c \neq 0$. Nach dem folgenden Lemma (setze dort $a = \frac{b}{c}$) finden wir $x,y \in k^x$ mit $cx^2 - cy^2 = b$. Dann ist $c = c(\frac{y}{x})^2 + b(\frac{1}{x})^2 \in D(c) + D(b) \subseteq D(\rho) + D(b)$.

0.15 **Lemma:** Sei $a \in k^x$. Dann gibt es stets $x,y \in k^x$ mit $x^2 - y^2 = a$, vorausgesetzt k hat mehr als fünf Elemente.

Beweis: Es ist $(\frac{a+1}{2})^2 - (\frac{a-1}{2})^2 = a$, für $a \neq \pm 1$ ist also 0.15 sicher richtig. Es genügt, den Fall $a = 1$ zu behandeln, also die Gleichung $x^2 - y^2 = (x+y)(x-y) = 1$ in k^x zu lösen. Es sei α ein Element aus k^x, das verschieden von allen vierten Einheitswurzeln in k ist. Es sei $\beta = \frac{1}{\alpha}$. Setzt man nun $x = \frac{\alpha+\beta}{2}$ und $y = \frac{\alpha-\beta}{2}$, so ist $(x+y)(x-y) = 1$ und x,y sind beide verschieden von 0.

0.16 Wir wollen noch folgende Bezeichnungen vereinbaren:

$m \times \rho = \rho \oplus \rho \oplus \ldots \oplus \rho$ (m Summanden)
$\rho^m = \rho \cdot \rho \cdot \ldots \cdot \rho$ (m Faktoren)
$m = m \times (1)$
$2 = 1 \oplus 1$

Mit diesen Bezeichnungen kann man gewisse Eigenschaften von k ausdrücken:

(31) k <u>reell</u> $\iff 0 \notin D(m)$ für alle m

(32) k ist <u>pythagoräisch</u> $\iff \dot{D}(2) \subseteq D(1)$

0.17 Ist k <u>nicht reell</u>, so gilt

$$D(\rho) \subsetneq D(\rho \oplus a)$$

vorausgesetzt, ρ ist anisotrop.

Beweis: Es gelte $D(\rho) = D(\rho \oplus a)$. Dann ist auch $D(\rho) = D(\rho \oplus (m \times (a)))$ für alle m. Nun ist aber k nicht reell, also gibt es ein m, für welches $m \times (1)$ isotrop ist. Dann ist auch $a(m \times (1)) = m \times (a)$ isotrop und erst recht $\rho \oplus (m \times (a))$. Also ist auch ρ isotrop - im Widerspruch zur Voraussetzung.

<u>0.18</u> Wir sagen, die quadratische Form φ ist <u>ähnlich</u> zu der quadratischen Form ψ, in Zeichen:

$$\varphi \sim \psi ,$$

falls $\varphi_0 \cong \psi_0$, d.h. die anisotropen Kerne von φ und ψ zueinander äquivalent sind (vgl. 0.8). Mit $\bar{\rho}$ bezeichnen wir die <u>Ähnlichkeitsklasse</u> von ρ. Jede Klasse $\bar{\rho}$ enthält <u>genau eine anisotrope</u> Form[1], nämlich ρ_0, und jedes $\psi \in \bar{\rho}$ ist von der Gestalt $\psi \cong m \times (1,-1) \oplus \rho_0$ mit einem $m \geq 0$. Die Klassifikation aller quadratischen Formen über k[1] läuft daher auf die Bestimmung der Ähnlichkeitsklassen der quadratischen Formen über k hinaus.

Wir bezeichnen die Menge aller Ähnlichkeitsklassen der quadratischen Formen über k mit $\mathfrak{W} = \mathfrak{W}(k)$. (Im Unterschied hierzu bezeichnen wir die Menge aller Äquivalenzklassen quadratischer Formen über k mit $W = W(k)$.)

<u>0.19</u> Die in W gegebene Addition und Multiplikation (vgl. 0.7) läßt sich in natürlicher Weise auf $\mathfrak{W}$ übertragen:

$$\bar{\rho}_1 \oplus \bar{\rho}_2 = \overline{\rho_1 \oplus \rho_2}$$
$$\bar{\rho}_1 \bar{\rho}_2 = \overline{\rho_1 \rho_2}$$

Mit dieser Addition und Multiplikation wird $\mathfrak{W}$ ein <u>kommutativer</u>

---
[1] bis auf Äquivalenz

Ring mit Einselement. Das Nullelement σ von $\mathfrak{W}$ ist die Klasse von $(1,-1)$ [1]) und das Inverse von $\rho = (a_1,\ldots,a_n)$ wird durch die Form $-\rho = (-1)\rho = (-a_1,\ldots,-a_n)$ repräsentiert. $\mathfrak{W} = \mathfrak{W}(k)$ heißt der Wittsche Ring über k .

0.20 Beispiele: (i) k quadratisch abgeschlossen, d.h. $k^x \subset k^{x2}$ (z.B. $k = \mathbb{C}$). Dann ist jede Form ρ äquivalent zu einer Diagonalform mit lauter Einsen:

(33) $\qquad \rho \cong (1,1,\ldots,1) = m \times 1$

mit $m = \dim \rho$. Jede Form ist also durch ihre Dimension allein schon bestimmt. Wegen $(1) \cong (-1)$ ist also

(34) $\qquad \mathfrak{W}(k) \cong \mathbb{Z}/2$

wobei ein Isomorphismus durch $\bar{\rho} \to (\dim \rho)$ mod 2 gegeben ist.

(ii) k ist reell abgeschlossen (z.B. $k = \mathbb{R}$). Dann ist jede Form ρ äquivalent zu einer Diagonalform mit nur +1 oder -1 als Diagonalgliedern:

(35) $\qquad \rho \cong (1,1,\ldots,1,-1,-1,\ldots,-1)$.

Nach 0.8 ist dabei die Anzahl t , mit der -1 in (35) vorkommt, eindeutig durch ρ bestimmt. Die Zahl $t = t(\rho)$ heißt der Trägheitsindex von ρ . Dimension und Trägheitsindex sind in diesem Falle ein volles Invariantensystem. Für den Wittschen Ring über k gilt

(36) $\qquad \mathfrak{W}(k) \cong \mathbb{Z}$

wobei ein Isomorphismus durch die Abbildung $\bar{\rho} \to (\dim(\rho)-t(\rho))-t(\rho)$ $=: s(\rho)$ [2]) gegeben ist.

Genau dasselbe gilt, wenn man nur voraussetzt, daß k reell

---
1) oder der Form $\rho = 0$
2) Man nennt $s(\rho)$ auch die Signatur von ρ

ist und genau zwei Quadratklassen besitzt.

(iii) k **ist endlich**.

Wir betrachten die Abbildung $x \to x^2$ von k^x auf k^{x2}. Wegen char(k) $\neq$ 2 gilt $k^x : k^{x2} = 2$. Sei c ein Element aus k^x, das nicht in k^{x2} liegt. Dann ist jedes ρ äquivalent zu einer Diagonalform mit nur 1 oder c als Diagonalgliedern. Wir behaupten, daß alle Glieder bis auf höchstens eines gleich 1 gewählt werden können:

(37) $\qquad \rho \cong (1,1,\ldots,1,d)$, $\quad d = 1$ oder $d = c$

Dimension und **Determinante** sind also ein **volles Invariantensystem**.

Zunächst stellen wir fest, daß $-1 \notin k^{x2}$, falls k p^n Elemente enthält mit einer Primzahl $p \equiv 3 \mod 4$ und einer **ungeraden** natürlichen Zahl n. In allen anderen Fällen ist -1 ein Quadrat in k. Wir betrachten nun zuerst den Fall

$\underline{-1 \in k^{x2}}$:

Dann gilt

(38) $\qquad (1,1) \cong (1,-1)$

und daher $c \oplus c = c(1 \oplus 1) \cong c(1 \oplus -1) \cong 1 \oplus -1$
also

(39) $\qquad c \oplus c \cong 1 \oplus 1$

Folglich kann man jedes ρ auf die Gestalt (37) bringen. Sämtliche anisotrope Formen sind dann

(40) $\qquad (1) , (c) , (1,c)$

(und wenn man will: 0)

Die additive Gruppe $\mathfrak{W}^+$ von $\mathfrak{W}$ ist daher isomorph zu $\mathbb{Z}/2 \oplus \mathbb{Z}/2$. Für $\mathfrak{W}$ als **Ring** gilt

(41) $\qquad \mathfrak{W} \cong \mathbb{Z}/2[t] \quad \text{mit } t^2 = 1$

(Gruppenring einer zyklischen Gruppe der Ordnung 2 mit Koeffizienten in $\mathbb{Z}/2$), wovon man sich durch Aufstellen einer Multiplikationstafel für die Elemente unter (40) leicht überzeugt.

Sei jetzt
$-1 \notin k^{\times 2}$:

Der Primkörper von k besteht nicht nur aus Quadraten, es existiert daher sicher ein Nichtquadrat r aus k mit $r-1 \in k^{\times 2}$. Sei $r-1 = a^2$. Da $-1 \notin k^{\times 2}$, folgt $-r = (-1)r \in k^{\times 2}$, etwa $-r = b^2$. Es ist also $-1 = a^2 + b^2$, d.h. -1 wird dargestellt durch die Form $(1,1)$. Es folgt

(42) $\qquad (1,1) \cong (-1,-1)$

Weil $c = -1$ wählbar ist, kann man also auch in diesem Fall jedes ρ auf die Gestalt (37) bringen. Sämtliche anisotrope Formen sind daher

(43) $\qquad 0, (1), (1,1), (-1)$

Wegen $(-1) \sim (1,1,1)$ gilt also für den Wittschen Ring

(44) $\qquad \mathfrak{W} \cong \mathbb{Z}/4$

<u>0.21</u> Für die Elemente $\bar{\rho}$ des Wittschen Ringes definieren wir
$$\dim \bar{\rho} = (\dim \rho) \mod 2 \ .$$

Die Dimensionsfunktion dim ist ein Ringhomomorphismus von $\mathfrak{W}$ auf $\mathbb{Z}/2$.

<u>0.22</u> Für jede quadratische Form ρ definieren wir

(45) $\qquad \mathrm{dis}(\rho) = (-1)^{\binom{n}{2}} \det(\rho)$

wobei $n = \dim \rho$ die Dimension von ρ bezeichnet. Wir nennen $\mathrm{dis}(\rho)$ die <u>Diskriminante</u> von ρ.

Im Gegensatz zur Determinante kann man die Diskriminante auf den Elementen von $\mathfrak{B}$ definieren. Allerdings ist sie nicht länger multiplikativ.

<u>0.23</u>   Eine Multiplikation der Elemente aus k (einschließlich der Null) mit den Elementen aus $\mathfrak{B}$ ist erklärt durch

$$a\bar{\rho} = \begin{cases} a\rho & , \text{ falls } a \neq 0 \\ 0 & , \text{ falls } a = 0 \end{cases}$$

$\mathfrak{B}$ ist aber keine k-Algebra, da $(a+b)\bar{\rho} \neq a\bar{\rho} \oplus b\bar{\rho}$.

§1   Ein Satz von Cassels

<u>1.1</u>   (Cassels). Sei $p = p(x)$ ein Polynom über k in x. Stellt die quadratische Form $\rho = (a_1, a_2, \ldots, a_n)$ das Polynom p über dem Körper $k(x)$ dar, so stellt sie p auch über dem Ring $k[x]$ dar, d.h. es gibt <u>Polynome</u> $f_1, \ldots, f_n$ mit

$$\sum_1^n a_i f_i^2 = p \quad 1)$$

<u>Beweis:</u>

Zunächst stellen wir fest, daß p verschieden von Null und ρ als <u>anisotrop</u> angenommen werden kann. Ist nämlich ρ isotrop, so kann $a_1 = 1, a_2 = -1$ gewählt werden und es gilt

$$p = \left(\frac{p+1}{2}\right)^2 - \left(\frac{p-1}{2}\right)^2 + a_3 0^2 + \ldots + a_n 0^2$$

Nach Voraussetzung existieren Polynome $f_0, f_1, f_2, \ldots, f_n \in k[x]$,

―――――
1) Für mehr als eine Variable ist 1.1 <u>nicht</u> richtig, wie Hilbert [1] im Falle $k = \mathbb{R}$ gezeigt hat. Ein einfaches Gegenbeispiel ist mir nicht bekannt.

$f_o \neq 0$ mit

$$a_1 \left(\frac{f_1}{f_o}\right)^2 + \ldots + a_n \left(\frac{f_n}{f_o}\right)^2 = p \qquad \text{oder}$$

(1) $\qquad a_1 f_1^2 + \ldots + a_n f_n^2 = p f_o^2$

Wir nehmen nun an, daß der Grad von f_o in (1) minimal und >0 ist. Wir "teilen" nun die f_i durch f_o und erhalten gewisse Polynome g_i, so daß für die Grade gilt

(2) $\qquad \mathrm{gr}(f_i - f_o g_i) < \mathrm{gr}(f_o) \qquad i = 0,1,2,\ldots,n$

Wir betrachten die Vektoren

$$f = (f_o, f_1, \ldots, f_n), \qquad g = (g_o, g_1, \ldots, g_n), \qquad g_o = 1$$

und die quadratische Form

$$\sigma = (-p) \oplus \rho \quad [1)$$

Dann kann die Gleichung (1) auch als

(3) $\qquad \sigma(f) = 0$

gelesen werden. Wir suchen nun nach Lösungen h der "Quadrik" $\sigma(z) = 0$ mit $h_o \neq 0$, aber $\mathrm{gr}(h_o) < \mathrm{gr}(f_o)$. Dies würde ein Widerspruch zu unserer obigen Annahme bedeuten und 1.1 beweisen. Wir machen den Ansatz

(4) $\qquad h = \lambda f + \mu g$

Es ist $\sigma(\lambda f + \mu g) = \lambda^2 \sigma(f) + 2\lambda\mu\sigma(f,g) + \mu^2 \sigma(g)$ [2)

Mit $\lambda = \sigma(g)$, $\mu = -2\sigma(f,g)$ ist dann in der Tat $\sigma(h) = 0$.

---
1) alles über dem Körper $k(x)$
2) der erste Summand verschwindet wegen (3)

Andererseits ist $g_o = 1$ und daher $\sigma(g)$ sicher verschieden von 0 , also ist $h \neq 0$. Wäre nun $h_o = 0$, so wäre

$$\rho(h_1,\ldots,h_n) = \sigma(h) = 0$$

also ρ isotrop über $k(x)$ und damit auch isotrop über k . Wir hatten aber ρ als anisotrop vorausgesetzt und deshalb ist $h_o \neq 0$. Aus (4) folgt

$$h_o = \sigma(g)f_o - 2\sigma(f,g) = \frac{1}{f_o}\sigma(f_o g - f)$$

mithin wegen $g_o = 1$

$$h_o = \frac{1}{f_o}\sum a_i(f_o g_i - f_i)^2$$

Hieraus ergibt sich aber wegen (2)

$$gr(h_o) < 2gr(f_o) - gr(f_o) = gr(f_o) \ .$$

<u>1.2</u> (Einsetzungsprinzip). Es sei $\rho = (a_1,\ldots,a_m)$ eine quadratische Form über k , $p = p(x_1,\ldots,x_n)$ ein Polynom in n Veränderlichen über k . Stellt dann ρ das Polynom p dar über $k(x_1,\ldots,x_n)$, so stellt ρ auch $p(c_1,c_2,\ldots,c_n)$ dar über k für <u>beliebige</u> $c_1,c_2,\ldots,c_n$ aus k .

Man beweist 1.2 durch Induktion nach n mittels des Satzes von Cassels (1.1).

<u>1.3</u> (Ein Teilformensatz). Es seien ρ , $\tau = (b_1,\ldots,b_m)$ quadratische Formen über k . ρ stelle $\sum_1^m b_i x_i^2$ dar über $k(x_1,x_2,\ldots,x_m)$. Ist dann ρ <u>anisotrop</u>, so ist τ in ρ enthalten, d.h.

(5) $\qquad \rho = \tau \oplus \eta$

mit einer quadratischen Form η über ($\eta = 0$ möglich). Insbesondere gilt dim $\tau \le$ dim ρ [1])

Zunächst beweisen wir

1.4 <u>Lemma</u>: Sei ρ anisotrop, $\rho = (a_1, a_2, \ldots, a_n)$. ρ stelle das Polynom $a + a_1 x^2$ über $k(x)$ dar. Dann stellt die Form $\rho' = (a_2, \ldots, a_n)$ das Element a über k dar.

<u>Beweis</u>: Nach 1.1 (Satz von Cassels) existieren Polynome $f_1(x), \ldots, f_n(x)$ aus $k[x]$ mit

(6) $\qquad \Sigma\, a_i f_i(x)^2 = a + a_1 x^2$.

Nun ist ρ anisotrop, also müssen aus Gradgründen alle f_i in (6) linear sein: $f_i(x) = b_i + c_i x$. Die Gleichung $b_1 + c_1 x = \pm x$ ist stets lösbar in k ; ist c eine Lösung, so folgt aus (6) die Beziehung

$$\sum_{i=2}^{n} a_i (b_i + c_i c)^2 = a$$

und dies ist die Behauptung.

<u>Beweis von 1.3</u>: Wir führen Induktion nach der Dimension n von ρ durch. Für $n = 0$ ist nichts zu beweisen. Sei also $n \ge 1$ und die Behauptung für $n-1$ schon bewiesen. Aus dem Einsetzungsprinzip (1.2) folgt, daß ρ das Element b_1 über k darstellt. Nach 0.6 ist folglich

(7) $\qquad \rho \cong (b_1) \oplus \rho'$

mit einem gewissen ρ'. Es sei $k' = k(x_2, x_3, \ldots, x_m)$. Nach Voraussetzung stellt ρ das Polynom $a + b_1 x_1^2$ mit $a = \sum_{i=2}^{m} b_i x_i^2$ über $k'(x_1)$ dar. Aus 1.4 folgt, daß dann auch $a = \sum_{i=2}^{m} b_i x_i^2$ von ρ' über k' dargestellt wird. Nach Induktionsvoraussetzung gilt dann sogar

---
1) gilt (5), so sagen wir, τ ist eine <u>Teilform</u> von ρ

$$\rho' \cong (b_2,\ldots,b_m) \oplus \eta$$

über k. Also ist mit (7) zusammen

$$\rho \cong (b_1,b_2,\ldots,b_m) \oplus \eta$$

und damit ist (5) bewiesen.

§2 Runde und multiplikative Formen

<u>2.1</u> (Witt). Eine quadratische Form ρ über k heißt **rund**, falls

(1) $\qquad c\bar{\rho} = \bar{\rho} \qquad$ in $\mathfrak{W}(k)$

für alle $c \in D(\rho)$.

Ist ρ <u>isotrop</u>, so kann man in (1) $c = 0$ setzen und daher ist $\bar{\rho} = 0$, d.h. $\rho \cong i \times (1,-1)$ mit einem $i \geq 0$.

Ist ρ <u>anisotrop</u>, so bedeutet (1), daß

(2) $\qquad c\rho \cong \rho$

gilt für alle $c \in D(\rho)$ [1])

<u>2.2</u> Ist ρ rund, so ist $\dot{D}(\rho)$ eine <u>Untergruppe</u> von k^x. Insbesondere stellt ρ 1 dar[2]). Ferner wird $\det(\rho)$ von ρ dargestellt.

<u>2.3</u> (Witt). Ist ρ rund, so ist auch $\rho(1\oplus a)$ rund für jedes $a \in k^x$. Speziell sind alle Formen der Gestalt

---
1) denn allgemein folgt aus $\bar{\varphi} = \bar{\psi}$ in $\mathfrak{W}$ und $\dim \varphi = \dim \psi$, daß φ und ψ äquivalent sind.
2) also ist (1) die einzige eindimensionale runde Form

$$\prod_1^m (1\oplus a_i), \quad a_i \in k^\times$$

runde Formen.

__Beweis:__ Sei $r \in D(\rho \oplus a\rho)$, etwa $r = b+ac$ mit $b,c \in D(\rho) \cup \{0\}$. Wir haben zu zeigen, daß

(3) $\qquad (b+ac)(\rho \oplus a\rho) = \rho \oplus a\rho$

in $\mathfrak{W}$ gilt[1]. Ist entweder b oder c gleich Null, so ist (3) trivial, weil ρ rund ist. In allen anderen Fällen ist

(4) $\qquad (b+ac)(\rho \oplus a\rho) \cong (b+ac)(1\oplus a)\rho \cong (b+ac)(1\oplus abc)\rho$,

denn ρ ist rund. Nun wenden wir die Formel (24) auf Seite 11 an, die in $\mathfrak{W}$ ohne Einschränkungen gültig ist. Danach ist der in (4) rechtsstehende Ausdruck (in $\mathfrak{W}$) gleich $(b \oplus ac)\rho$, und dies ist weiter gleich $\rho \oplus a\rho$, wobei wir wieder ausgenutzt haben, daß ρ rund ist.

2.4 __Beispiele:__ (i) Eine zweidimensionale Form ρ ist genau dann rund, wenn ρ von der Gestalt

$$\rho \cong (1,a) = 1\oplus a$$

ist.
Dies folgt aus 2.2 und 2.3.

(ii) Über einem __quadratisch abgeschlossenen__ Körper k sind genau die Form (1) und alle Formen gerader Dimension rund[2].

(iii) Über einem __reell abgeschlossenen__ Körper k sind die Formen ρ mit $t(\rho) = 0$, d.h. die positiv definiten

---

1) hier und im folgenden schreiben wir oft statt $\bar{\varphi} = \bar{\psi}$ einfach "$\varphi = \psi$ in $\mathfrak{W}$". Den Zusatz "in $\mathfrak{W}$" lassen wir auch fort, wenn aus dem Zusammenhang ohnehin klar ist, daß wir in $\mathfrak{W}$ rechnen.
2) (1) ist die einzige __anisotrope__ Form über k

Formen die einzigen anisotropen runden Formen über k .

(iv) Ist dim ρ <u>ungerade</u> und gilt für ein $c \in k^x$ die Beziehung $c\rho \cong \rho$, so ist c ein Quadrat in k . Jede runde Form ρ ungerader Dimension ist also von der Gestalt

(5) $\qquad \rho = (1,1,\ldots,1)$

<u>Beweis:</u> Aus $c\rho \cong \rho$ folgt nämlich $\det(c\rho) = \det(\rho)$, also $c^{\dim \rho} = 1$ in k^x/k^{x2} .

(v) Gibt es über k wenigstens eine runde Form ρ von ungerader Dimension >1 , so ist k <u>pythagoräisch</u> und <u>reell</u>.

Nach (iv) ist nämlich $\dot{D}(2) \subseteq \dot{D}(\rho) \subseteq k^{x2}$. Wäre k nicht reell, so wäre -1 nach dem Vorangehenden ein Quadrat in k . Dann wäre aber ρ isotrop ($n > 1$) und daher sogar $\rho = \mathcal{O}$ in $\mathfrak{W}$. Aber ρ sollte ungerade Dimension besitzen.

Ehe wir zu Anwendungen der Theorie der runden Formen kommen[1], soll einiges über den Zusammenhang mit der "älteren" Theorie der multiplikativen Formen von Pfister [2] gesagt werden.

<u>2.5</u> Sei ρ eine quadratische Form der Dimension n . Nach Pfister heißt ρ <u>multiplikativ</u>, falls es im rationalen Funktionenkörper

(6) $\qquad K = k(x_1,\ldots,x_n,y_1,\ldots,y_n)$

Elemente z_i gibt, welche die Gleichung

(7) $\qquad \rho(x_1,\ldots,x_n) \rho(y_1,\ldots,y_n) = \rho(z_1,\ldots,z_n)$

erfüllen. Sind x,y,z die Vektoren in K^n mit den Koordinaten x_i, y_i, z_i , so lautet (7):

(8) $\qquad \rho(x) \rho(y) = \rho(z)$

---

[1] siehe insbesondere §3 und §4

Die Form ρ ist also multiplikativ, falls $\rho(x)\rho(y)$ von ρ über $k(x,y) =: k(x_1,\ldots,x_n,y_1,\ldots,y_n)$ dargestellt wird[1].
Wir sagen, ρ ist **stark multiplikativ**, falls sogar

(9) $\qquad \rho(x)\rho \cong \rho \qquad$ über $k(x) = k(x_1,\ldots,x_n)$

gilt, d.h. $\rho(x)\rho$ und ρ über $k(x)$ äquivalent sind. Man kann auch sagen, daß ρ stark multiplikativ ist, falls es eine Darstellung (8) gibt, in der z **linear** von y über $k(x)$ abhängt[2].

2.6 Ist ρ isotrop, so ist ρ multiplikativ.

Denn ρ ist a fortiori isotrop über $k(x,y)$ und daher universell über $k(x,y)$ nach 0.12.

2.7 Ist ρ **stark multiplikativ und isotrop**, so ist $\rho = \mathcal{O}$ in $\mathfrak{W}$.
Beweis: Nach 0.8 ist $\rho \cong i \times (1,-1) \oplus \rho_0$ mit ρ_0 anisotrop.
Sei dim $\rho_0 > 0$. Es gilt (über $k(x)$)

$$\rho(x)(1,-1) \cong (1,-1)$$

Aus (9) folgt daher, indem man 0.9 (den Satz von Witt) benutzt, die Beziehung

(10) $\qquad \rho(x)\rho_0 \cong \rho_0 \qquad$ (über $k(x)$)

Ist dann a irgendein durch ρ_0 dargestelltes Element, so lehrt (10), daß ρ_0 das Element $a\rho(x)$ über $k(x)$ darstellt. Nach 1.3 ist dann aber $a\rho$ eine Teilform von ρ_0, doch wegen dim(ρ_0) < dim(ρ) ist das unmöglich.

2.8 Ist ρ **multiplikativ und anisotrop** über k, so ist ρ **rund** über k.

---
1) Ist ρ also multiplikativ über k, so auch über jedem Erweiterungskörper von k.
2) Beweis als Übungsaufgabe

Beweis von 2.8: Sei $c = \rho(u)$ über k. Dann kann man aufgrund von 1.2 aus (8) schließen, daß $\rho(x)\rho(u) = c\rho(x)$ über $k(x)$ von ρ dargestellt wird. Nach 1.3 ist dann aber $c\rho$ eine Teilform von ρ und aus Dimensionsgründen folgt dann $\rho \cong c\rho$ über k.

2.9 ρ ist genau dann multiplikativ über k, wenn für jeden Erweiterungskörper k' von k die von ρ über k' dargestellten Elemente $\neq 0$ eine Gruppe bilden.

Dies folgt aus 2.8 (bzw. 0.12), der Definition 2.5 und 2.2.

2.10 Jede Form ρ der Gestalt

$$\rho = \prod_{i=1}^{m}(1 \oplus a_i) , \qquad a_i \in k^x$$

ist <u>stark multiplikativ</u>.

Denn ρ ist rund über $k(x)$ nach 2.3, also gilt (9).

2.11 Ist die <u>anisotrope</u> Form ρ multiplikativ, so ist ρ von der Gestalt

$$(11) \qquad \rho = \prod_{i=1}^{m}(1 \oplus a_i)$$

mit gewissen $a_i \in k^x$.

Für anisotrope Formen ist also "multiplikativ" und "stark multiplikativ" dasselbe, und die stark multiplikativen Formen über k sind genau die Formen der Gestalt (11) sowie die Formen $i \times (1,-1)$.

Beweis von 2.11: Sei σ eine maximale Teilform der Gestalt (11) von ρ,

$$\rho = \sigma \oplus \eta$$

und sei $c \neq 0$ ein durch η dargestelltes Element, im Falle, σ

wäre nicht gleich ρ. Wir betrachten das Element

$$\sigma(x) + c\sigma(y) = \sigma(y)\left(\frac{\sigma(x)}{\sigma(y)} + c\right).$$

Nun ist $\frac{\sigma(x)}{\sigma(y)} = \sigma(u)$ mit einem gewissen $u \in k(x,y)$, denn σ ist rund über $k(x,y)$. Folglich wird $\sigma(x) + c\sigma(y)$ über $k(x,y)$ durch ρ dargestellt, vgl. 2.9. Dann enthält aber ρ nach 1.3 die Form $\sigma \oplus c\sigma = \sigma(1\oplus c)$, im Widerspruch zur Maximalität von σ.

§3 Quadratsummen und die Stufe eines Körpers

Eine Anwendung der Theorie der runden (bzw. multiplikativen) Formen ist der folgende Satz

3.1 (Pfister). Das Produkt zweier Summen von 2^m Quadraten aus k ist wieder eine Summe von 2^m Quadraten aus k.

Beweis: Wir betrachten die Form $\rho = 2^m = (1\oplus 1)^m = 2^m \times (1)$. Nach 2.3 ist ρ rund und daher folgt aus 2.2 die Behauptung.

Den interessanten Satz 3.1 kann man auch ohne direkte Verwendung des Begriffs der runden Formen beweisen; ein solcher Beweis ist weniger elegant, aber vielleicht elementarer und expliziter. Wir zeigen zunächst den folgenden Satz, aus dem sich 3.1 unmittelbar ergibt:

3.2 Sei $n = 2^m$ eine Zweierpotenz. Ist dann

(1) $$c = c_1^2 + c_2^2 + \ldots + c_n^2$$

eine Summe von n Quadraten aus k, so gibt es eine $n \times n$-Matrix S mit Koeffizienten aus k, so daß

(2) $$SS^t = cE = S^t S$$

gilt. Dabei ist E die $n \times n$-Einheitsmatrix. Man kann außerdem vorschreiben, daß die erste Zeile von S gerade $c_1, c_2, \ldots, c_n$ sein soll.

Beweis: Zuerst betrachten wir den Fall $c = 0$. Sind alle $c_i = 0$, so wählen wir für S die Nullmatrix. Ist etwa $c_1 \neq 0$, so erfüllt $S = c_1^{-1}(c_i c_k)$ die Bedingung (2) und die erste Zeile von S ist $c_1, c_2, \ldots, c_n$. Wir werden nun 3.2 mittels Induktion nach m beweisen. Der Fall $m = 0$ ist klar. Sei also $m \geq 0$ und die Behauptung für m schon bewiesen. Ist $c \neq 0$ eine Summe von 2^{m+1} Quadraten aus k, so zerlegen wir c in der Form $c = a + b$, wobei a und b je Summe von $n = 2^m$ Quadraten sind. Nach Induktionsannahme gibt es daher Matrizen A, B mit

$$A^t A = AA^t = aE, \qquad B^t B = BB^t = bE$$

Ist $a = \sum_{1}^{n} a_i^2$, $b = \sum_{1}^{n} b_i^2$, so kann ferner die erste Zeile von A gleich $a_1, a_2, \ldots, a_n$, die erste Zeile von B gleich $b_1, b_2, \ldots, b_n$ gewählt werden. Sei etwa $a \neq 0$. Wir betrachten dann die Matrix

$$(3) \qquad S = \begin{pmatrix} A & B \\ -\frac{1}{a} A^t B^t A & A^t \end{pmatrix}$$

Dann ist $S^t S = SS^t = (a+b)E' = cE'$, wobei E' die Einheitsmatrix der Dimension 2^{m+1} bedeutet. Außerdem ist $a_1, a_2, \ldots, a_n, b_1, b_2, \ldots, b_n$ die erste Zeile von S.

Als Folgerung von 3.2 ergibt sich folgende Verschärfung von 3.1:

3.3 Zu gegebenen Zahlen $u_1, u_2, \ldots, u_n, v_1, \ldots, v_n$ aus k mit einer Zweierpotenz n existieren stets Zahlen $q_1, q_2, \ldots, q_n$ aus k, so daß

$$(4) \qquad \left(\sum_{1}^{n} u_i^2\right)\left(\sum_{1}^{n} v_i^2\right) = \left(\sum_{1}^{n} u_i v_i\right)^2 + q_2^2 + \ldots + q_n^2$$

Wir wollen nun noch zeigen, daß man (4) auch direkt aus 3.1 folgern kann. Es seien u,v Vektoren mit den Koordinaten u_i bzw. v_i . Für jede quadratische Form ρ und insbesondere für $\rho = n \times (1)$ gilt die Formel ("Cauchy'sche Ungleichung"):

(5) $$\rho(u)\rho(v) - \rho(u,v)^2 = \frac{1}{\rho(u)} \rho[\rho(u)v - \rho(u,v)u]$$

Hierbei setzen wir natürlich $\rho(u) \neq 0$ voraus. Es sei nun t eine Unbestimmte über k . Wegen (5) ist

$$\frac{1}{\rho(u)} \rho[tu + \rho(u)v - \rho(u,v)u] = t + \rho(u)\rho(v) - \rho(u,v)^2$$

Ist daher ρ anisotrop, so folgt aus 1.4 die Behauptung.

Wir haben noch den Fall, daß ρ isotrop ist, zu betrachten. Nach 2.3 ist dann aber

$$\rho = n \times (1) \cong \frac{n}{2} \times (1,-1)$$

Wir setzen $n > 2$ voraus, da für $n \leq 2$ die Formel (4) sicher richtig ist. Wir betrachten nun die Form

$$\rho' = (n-1) \times (1) \cong (-1) \oplus \frac{n-2}{2} \times (1,-1)$$

Wegen $n > 2$ ist ρ' isotrop, stellt also sicher das Element $\rho(u)\rho(v) - \rho(u,v)^2$ dar.

Wir ergänzen 3.1 und 3.2 durch die folgenden zwei Sätze:

3.4 Die Form $\rho = n \times (1)$ sei anisotrop über dem Körper k [1]. Ist dann $D_{k'}(\rho)$ eine Gruppe für alle Erweiterungskörper k' von k, so ist n eine Potenz von 2.

Beweis: Nach 2.9 ist ρ nämlich multiplikativ, und weil ρ außerdem anisotrop ist über k , so ist ρ nach 2.11 von der Gestalt (11) auf Seite 26. Dann ist aber $n = \dim \rho$ eine Potenz von 2 [2].

―――――――
1) z.B. sei k reell.
2) Daß ρ die Gestalt $\rho = n\times(1)$ besitzt, ist für den Beweis natürlich unerheblich.

3.5 Sei n eine natürliche Zahl, 2^m die maximale in n aufgehende Zweierpotenz. Ist a eine Zahl aus k^x, welche Summe von 2^{m+1} Quadraten aus k ist[1], so gilt

(6) $\qquad a(n \times (1)) \cong n \times (1)$

genau dann, wenn a schon Summe von 2^m Quadraten in k ist.

Beispiele: (i) Ist n ungerade und gibt es in k eine Summe von zwei Quadraten, die kein Quadrat in k ist, so ist $n \times (1)$ nicht rund (vgl. auch Seite 24).

(ii) Ist $n = 6, 10, 14, 18, \ldots$ und gibt es in k eine Summe von vier Quadraten, die nicht Summe von zwei Quadraten in k ist, so ist $n \times (1)$ nicht rund. u.s.w.

Beweis von 3.5: Der Fall $n = 2^m$ ist klar. Sei also $2^m < 2^{m+1} \leq n$. Dann ist $n = q 2^{m+1} + 2^m$ mit einer ganzen Zahl q. Es gilt also

(7) $\qquad n \times (1) = q \times (2^{m+1} \times (1)) \oplus 2^m \times (1)$

Setzt man also (6) voraus, so ergibt sich aus (7) wegen $a(2^{m+1} \times (1)) \cong 2^{m+1} \times (1)$ und dem Satz von Witt die Beziehung

$$a(2^m \times (1)) \cong 2^m \times (1) \ .$$

Folglich ist a Summe von 2^m Quadraten in k. Die Umkehrung ist nun ebenfalls klar.

3.6 Sei -1 nicht Summe von weniger als $n-1$ Quadraten in k. Dann ist das Element

$$x_1^2 + x_2^2 + \ldots + x_n^2$$

nicht Summe von weniger als n Quadraten im rationalen Funktionenkörper $k(x_1, x_2, \ldots, x_n)$.

---
1) Ist n keine Zweierpotenz, so ist $2^{m+1} < n$

Beweis: Sei $\rho = (n-1) \times 1$. Weil -1 nicht Summe von weniger als $n-1$ Quadraten in k ist, ist ρ anisotrop. Die Behauptung von 3.6 folgt nun unmittelbar aus 1.3.

3.7 Es sei m ein Potenz von 2 und d ein Element von k, so daß $-d$ kein Quadrat in k ist. Ferner setzen wir voraus, daß -1 nicht Summe von m Quadraten in k ist. Ist dann -1 im Körper $k(\sqrt{-d})$ Summe von m Quadraten, so ist d Summe von $2m-1$ Quadraten in k.

Beweis: Nach Voraussetzung gibt es Zahlen a_i, b_i ($i = 1,2,\ldots,m+1$) aus k – nicht alle 0 –, so daß

$$(8) \qquad \sum_{i=1}^{m+1} (a_i + b_i\sqrt{-d})^2 = 0$$

Die Gleichung (8) ist gleichwertig mit den beiden Gleichungen

$$(9) \qquad \sum_{1}^{m+1} a_i^2 - d \sum_{1}^{m+1} b_i^2 = 0 \quad, \qquad \sum_{1}^{m+1} a_i b_i = 0$$

Wegen $m+1 \leq 2m$ folgt daraus wegen 3.3 (setze $n = 2m$) die Behauptung, denn

$$d = \frac{\sum_{1}^{m+1} a_i^2 \, \sum_{1}^{m+1} b_i^2}{\left(\sum_{1}^{m+1} b_i^2\right)^2}$$

und $\sum_{1}^{m+1} b_i^2$ ist verschieden von 0 aufgrund der Voraussetzung, daß -1 nicht Summe von m Quadraten in k ist.

3.8 Die kleinste natürliche Zahl $s = s(k)$, für die -1 eine Summe von s Quadraten in k ist, heißt die Stufe von k. Ist -1 nicht Summe von Quadraten in k, d.h. ist k reell, so setzen wir $s = \infty$.

3.9 Die Stufe von k ist eine Potenz von 2 oder ∞.

Beweis: Sei s endlich. Wähle die ganze Zahl m so, daß

$$2^m \leq s < 2^{m+1}$$

Weil s die Stufe von k ist, ist die Form $(s+1) \times (1)$ isotrop. Erst recht ist also die Form $2^{m+1} \times (1) = 2^{m+1}$ isotrop; 2^{m+1} ist aber **rund** nach 2.3, also gilt

$$2^{m+1} = \sigma \quad \text{in } \mathfrak{W}$$

Nun ist $2^{m+1} = 2^m \oplus 2^m$, also ist $2^m = -2^m$ in $\mathfrak{W}$. Aus Dimensionsgründen ist dann sogar

$$2^m \simeq -2^m$$

und daher stellt die Form 2^m insbesondere die Zahl -1 dar. Also ist $s = 2^m$.

3.10 Beispiele: (i) Ist k **quadratisch abgeschlossen**, so ist $s(k) = 1$

(ii) Sei k **endlich**. Dann ist $s(k) = 2$, falls k p^n Elemente hat mit einer Primzahl $p \equiv 3 \mod 4$ und einer ungeraden natürlichen Zahl n ; in allen anderen Fällen ist $s(k) = 1$ (vgl. 0.20, Beispiel (iii)).

(iii) k und k(x) haben dieselbe Stufe

(iv) $\mathbb{Q}(\sqrt{-2})$ hat die Stufe 2 , $\mathbb{Q}(\sqrt{-7})$ hat die Stufe 4 .

Beweis: Beide Körper haben sicher nicht die Stufe 1 . Wegen $(\sqrt{-2})^2 + 1^2 = -1$ hat $\mathbb{Q}(\sqrt{-2})$ daher die Stufe 2 . Wegen $(\sqrt{-7})^2 + 2^2 + 1^2 + 1^2 = -1$ hat $\mathbb{Q}(\sqrt{-7})$ eine Stufe $s \leq 4$. Wäre $s = 2$, so wäre nach 3.7 die Zahl 7 Summe von **drei** Quadraten in $\mathbb{Q}$. Dies ist aber nicht der Fall, wovon man sich leicht überzeugt (modulo 8 rechnen!).

(v) Nichtreelle **Zahlkörper** haben eine Stufe ≤ 4 . Das zitieren wir hier ohne Beweis.

Daß alle Zweierpotenzen als Stufen von Körpern wirklich vorkommen, zeigt das folgende Beispiel (Pfister [3]):

(vi) Sei n eine natürliche Zahl und k ein Körper mit $s(k) \geq n-1$ [1]. Wir betrachten den rationalen Funktionenkörper

$$k(x) = k(x_1, x_2, \ldots, x_n)$$

in n Variablen und adjungieren zu $k(x)$ ein Element θ, das der Gleichung

(10) $\qquad x_1^2 + x_2^2 + \ldots + x_n^2 + \theta^2 = 0$

genügt. Wähle die ganze Zahl e so, daß

$$2^e \leq n < 2^{e+1}$$

gilt. Dann hat der Körper $K = k(x,\theta)$ die Stufe 2^e.

Beweis: Wegen (10) ist jedenfalls $s = s(K) \leq n$ und damit $s \leq 2^e$ wegen 3.9. Wäre nun $s < 2^e$, so wäre das Element $d = x_1^2 + \ldots + x_n^2$ in $k(x_1,\ldots,x_n)$ Summe von $2s - 1 < n$ Quadraten aufgrund von 3.7. Das stände aber im Widerspruch zu 3.6.

§4 Torsionselemente, Nullteiler und nilpotente Elemente im Wittschen Ring

Die Beweise in diesem und dem nächsten Paragraphen gehen auf Witt zurück (unveröffentlicht). Sie verwenden als wesentliches Hilfsmittel den Begriff der runden Formen. Man kann die hier behandelten Sätze auch etwas anders begründen; darauf werden wir im Zusammenhang von §10 und 11 zurückkommen.

---

[1] z.B. sei k reell

4.1 Sei ρ rund. Hat ρ endliche Ordnung in $\mathfrak{W}^+$, so ist die Ordnung von ρ eine Potenz von 2.

Beweis: Sei $n \times \rho = \mathcal{O}$ in $\mathfrak{W}$, und sei $2^m \geq n$. Dann ist $2^m \times \rho$ isotrop. Nach 2.3 ist die Form $2^m \times \rho = \mathcal{L}^m \rho = \rho(1 \oplus 1)^m$ aber rund, also ist $2^m \times \rho = \mathcal{O}$ in $\mathfrak{W}$.

4.2 Die Form (1) hat genau dann endliche Ordnung n in $\mathfrak{W}(k)$, wenn k endliche Stufe s hat. Es gilt dann $n = 2s$.

Beweis: Hat (1) endliche Ordnung n in $\mathfrak{W}$, so ist $n \times (1)$ insbesondere isotrop und daher ist nach Definition der Stufe $s \leq n-1$. Ist umgekehrt s endlich, so ist die Form $(s+1) \times (1)$ isotrop. Dann ist auch $2s \times (1)$ isotrop. Aber s ist eine Potenz von 2 (vgl. 3.9), daher ist $2s \times (1)$ rund und folglich ist $2s \times (1) = \mathcal{O}$ in $\mathfrak{W}$. Also hat (1) endliche Ordnung in $\mathfrak{W}$. Ist das der Fall, so ergibt sich aus dem Vorhergehenden die Beziehung $n = 2s$.

Bezeichnungen: Es sei

(1) $\qquad \rho = (a_1, a_2, \ldots, a_n)$

eine quadratische Form der Dimension n. Eine <u>Vorzeichenkombination</u> ϵ (der Länge n) sei ein n-Tupel $\epsilon = (\epsilon_1, \epsilon_2, \ldots, \epsilon_n)$ von n Zahlen ϵ_i, so daß $\epsilon_i = 1$ oder $\epsilon_i = -1$. Mit σ_ϵ bezeichnen wir die quadratische Form

(2) $\qquad \sigma_\epsilon = (\epsilon_1, \epsilon_2, \ldots, \epsilon_n) = \bigoplus_{i=1}^{n} \epsilon_i \qquad$ 1)

Mit $\Pi_{\epsilon\rho}$ bezeichnen wir die quadratische Form

(3) $\qquad \Pi_{\epsilon\rho} = \prod_{i=1}^{n} (1 \oplus \epsilon_i a_i) \qquad$ 2)

---

1) Diese Ambivalenz in der Schreibweise ist ganz nützlich
2) $\Pi_{\epsilon\rho}$ ist rund nach 2.3

Mit diesen Bezeichnung gilt

<u>4.3</u> (<u>Eine Formel von Witt</u>). Für jede quadratische Form
$\rho = (a_1, a_2, \ldots, a_n)$ gelten die Formeln

(4) $\qquad \rho \Pi_{\varepsilon\rho} = \sigma_\varepsilon \Pi_{\varepsilon\rho}$

(5) $\qquad 2^n \rho = \bigoplus_\varepsilon \sigma_\varepsilon \Pi_{\varepsilon\rho} \qquad$ in $\mathfrak{W}$

In (5) läuft dabei der Summationsindex ε über alle möglichen 2^n Vorzeichenkombinationen. Man beachte, daß man die Form $\sigma_\varepsilon \Pi_{\varepsilon\rho}$ auch in der Gestalt

(6) $\qquad \sigma_\varepsilon \Pi_{\varepsilon\rho} = (\Sigma \varepsilon_i) \times \Pi_{\varepsilon\rho}$

schreiben, also σ_ε in Verbindung mit (4) einmal als die quadratische Form $\bigoplus \varepsilon_i$, einmal als die Zahl $\Sigma \varepsilon_i$ auffassen kann.

<u>Beweis:</u> Die Formel (4) folgt allein aus der Beziehung

$$a_i(1 \oplus \varepsilon_i a_i) = \varepsilon_i(1 \oplus \varepsilon_i a_i)$$

und diese ist trivial, weil $c^2 = 1$ in $\mathfrak{W}$. Zum Beweis von (5) genügt es dann

(7) $\qquad 2^n = \bigoplus_\varepsilon \Pi_{\varepsilon\rho} \qquad$ in $\mathfrak{W}$

zu zeigen. Dies geschieht durch vollständige Induktion nach n. Für $n = 0$ ist nichts zu beweisen, sei also $n \geq 1$ und die Behauptung für $n - 1$ schon bewiesen. Für n gilt (Gleichheit in $\mathfrak{W}$):

$\bigoplus_\varepsilon \Pi_{\varepsilon\rho} = \bigoplus_{\varepsilon, \varepsilon_n = 1} \Pi_{\varepsilon\rho} \oplus \bigoplus_{\varepsilon, \varepsilon_n = -1} \Pi_{\varepsilon\rho} = (1 \oplus a_n) \bigoplus_{\varepsilon'} \Pi_{\varepsilon'\rho'} \oplus (1 \oplus -a_n) \bigoplus_{\varepsilon'} \Pi_{\varepsilon'\rho'}$

$= (1 \oplus 1) \bigoplus_{\varepsilon'} \Pi_{\varepsilon'\rho'} = 2 \cdot 2^{n-1} = 2^n$. Hierbei bezeichnet ε die Vorzeichenkombinationen der Länge n, ε' die der Länge $n-1$, und es ist $\rho' = (a_1, a_2, \ldots, a_{n-1})$.

Als eine Anwendung der Wittschen Formel (4.3) erhält man

4.4 (Pfister [3]). Hat ρ **endliche Ordnung** in $\mathfrak{W}$, so ist die Ordnung von ρ eine Potenz von 2 .

Beweis: Hat ρ endliche Ordnung, so hat auch $\Pi_{\epsilon\rho}$ endliche Ordnung für jedes ϵ , vgl. (4) und (6). $\Pi_{\epsilon\rho}$ ist aber rund, also gibt es nach 4.1 eine Zweierpotenz, die $\Pi_{\epsilon\rho}$ annulliert. Wegen (5) gibt es daher auch eine Zweierpotenz, die ρ annulliert.

4.4 ist natürlich nur dann eine nicht-triviale Verschärfung von 4.1, wenn k **reell** ist. Ist nämlich k **nicht-reell** mit der Stufe s , so ist wegen $\rho = (1)\rho$

(8) $\qquad 2s \times \rho = \mathcal{O}$ in $\mathfrak{W}$

für jedes ρ aufgrund von 4.2.

4.5 Ist ρ ein **Nullteiler** in $\mathfrak{W}$, so ist dim ρ gerade.

Beweis: Wir nehmen an, 4.5 sei falsch. Dann sei

$$\rho = (1, a_1, \ldots, a_n) \qquad n \geq 2$$

ein Nullteiler minimaler **ungerader** Dimension, und sei τ eine quadratische Form mit

(9) $\qquad \rho\tau = \mathcal{O}$, aber $\tau \neq \mathcal{O}$ in $\mathfrak{W}$

Wir multiplizieren (9) mit $1 \oplus -a_j$, $1 \leq j \leq n$, und erhalten

$$\mathcal{O} = \tau(1 \oplus a_j)(1 \oplus -a_j) \oplus \tau(1 \oplus -a_j) \bigoplus_{i \neq j} (a_i)$$

also $\mathcal{O} = \tau(1 \oplus -a_j)\rho'$ mit $\rho' = \bigoplus_{i \neq j} (a_i)$.

Nun ist aber dim ρ' < dim ρ und dim ρ' ist ungerade. Also ist

$$\tau(1\oplus-a_j) = \sigma \quad \text{in} \quad \mathfrak{W} \quad \text{oder}$$

(10) $\quad\quad\quad a_j\tau = \tau \quad\quad\quad$ für alle $j = 1,\ldots,n$.

Es folgt $(1\oplus a_1\oplus\ldots\oplus a_n)\tau = \rho\tau = (n+1)\tau = \sigma$. Aber $n+1$ ist ungerade, also folgt $\tau = \sigma$ in $\mathfrak{W}$ nach 4.4. Widerspruch!
Mehr über Nullteiler, vgl. §11.

4.6 Sei k <u>reell</u>. Hat dann ρ endliche Ordnung in $\mathfrak{W}(k)$, so ist dim ρ gerade.

Es ist nämlich $2^m\rho = \sigma$ für geeignetes m , aber $2^m \neq \sigma$ in $\mathfrak{W}$, da k reell. Also ist ρ ein Nullteiler, und 4.6 folgt aus 4.5 (vgl. auch 5.2).

4.7 ρ ist <u>nilpotent</u> in $\mathfrak{W}$ genau dann, wenn ρ endliche Ordnung in $\mathfrak{W}$ besitzt und dim ρ gerade ist[1]. Genauer:
(i) Ist $\rho^{m+1} = \sigma$, so ist $2^{rm+n} \times \rho = \sigma$
   mit $n = \dim \rho$ und $2^{r+1} > n$ [2]
(ii) Ist $2^e \times \rho = \sigma$, so ist $\rho^{e+f+1} = \sigma$
   mit $2f = \dim \rho$

<u>Beweis von (i)</u>: Aus (4) folgt sofort

$$\sigma = \rho^{m+1}\Pi_{\epsilon\rho} = \sigma_\epsilon^m \sigma_\epsilon \Pi_{\epsilon\rho} = (\Sigma\epsilon_i)^m \times \sigma_\epsilon \Pi_{\epsilon\rho} ,$$

also hat $\sigma_\epsilon\Pi_{\epsilon\rho}$ endliche Ordnung in $\mathfrak{W}$. Nun ist aber die Ordnung von $\sigma_\epsilon\Pi_{\epsilon\rho}$ eine Zweierpotenz (vgl. 4.4) und wegen $|\Sigma\epsilon_i| \leq n$ ist die größte in $\Sigma\epsilon_i$ aufgehende Zweierpotenz $\leq 2^r$. Also wird jedes $\sigma_\epsilon\Pi_{\epsilon\rho}$ durch 2^{rm} annulliert. Die Behauptung folgt nun aus (5).

<u>Beweis von (ii)</u>: Mittels Induktion zeigen wir zunächst, daß für zweidimensionale Formen $\rho = a \oplus b$ die Formel

---
[1] vgl. aber 4.6
[2] Außerdem ist n offenbar gerade (vgl. 0.21)

(11) $$\rho^{\mu+1} = 2^{\mu}a^{\mu}\rho$$

gilt. Es ist nämlich $(a \oplus b)^2 = a^2 \oplus 2ab \oplus b^2 = 2 \oplus 2ab = 2(1 \oplus ab) = 2a(a \oplus b)$. Ist (11) für $\mu \geq 1$ schon bewiesen, so folgt $\rho^{\mu+2} = \rho^{\mu+1}\rho = 2^{\mu}a^{\mu}\rho^2 = 2^{\mu}a^{\mu} \cdot 2a\rho = 2^{\mu+1}a^{\mu+1}\rho$.

Ist nun ρ beliebig, aber von gerader Dimension $2f$, so läßt sich ρ als Summe zweidimensionaler Formen ρ_i schreiben

(12) $$\rho = \bigoplus_{1}^{f} \rho_i$$

Es folgt für jede natürliche Zahl $\mu \geq f$

(13) $$\rho^{\mu} = \bigoplus_{\substack{i_1,\ldots,i_f \\ \Sigma i_{\varkappa} = \mu}} c_{i_1\ldots i_f} \times \rho_1^{i_1}\ldots\rho_f^{i_f}$$

Nach (11) ist nun jedes der Monome auf der rechten Seite teilbar durch $2^{\Sigma i_{\varkappa} - f} = 2^{\mu - f}$, mithin ist ρ^{μ} teilbar durch $2^{\mu - f}$. Folglich gilt $\rho^{e+f+1} = 2^e \rho \cdot \eta$ mit einem gewissen η, und daraus folgt die Behauptung.

§5 Ein "Hasse-Prinzip" für quadratische Formen über reellen Körpern

Folgende Tatsache werden wir beim Beweis des Hauptsatzes benutzen:

5.1 Lemma: Es sei k ein reeller Körper und $b_1,\ldots,b_n$ seien Elemente aus k. Ist dann der Körper $K = k(\sqrt{b_1},\sqrt{b_2},\ldots,\sqrt{b_n})$ **nicht reell**, so gibt es eine Relation der Gestalt

$$(1) \qquad -1 = \sum_{i_1 < i_2 < \ldots < i_r} q_{i_1 \ldots i_r} b_{i_1} b_{i_2} \ldots b_{i_r}$$

wobei die $q_{i_1 \ldots i_r}$ Quadratsummen in k sind und die Summation sich über alle Teiltupel $(i_1,\ldots,i_r)$ von $(1,2,\ldots,n)$ erstreckt.

Beweis: Es sei $K_i = k(\sqrt{b_1},\ldots,\sqrt{b_i})$, $1 \leq i \leq n$. Wir können ohne Einschränkung annehmen, daß K_{i-1} echt in K_i enthalten ist, sonst lasse man das entsprechende b_i einfach fort. Weil K nicht reell sein soll, ist -1 eine Summe von Elementen der Gestalt

$$(\Sigma c_{\varkappa_1 \ldots \varkappa_s} \sqrt{b_{\varkappa_1}} \ldots \sqrt{b_{\varkappa_s}})^2$$

mit gewissen $c_{\varkappa_1 \ldots \varkappa_s}$ aus k. Die Summation läuft über alle Teiltupel $(\varkappa_1,\ldots,\varkappa_s)$ von $(1,\ldots,n)$ [1]. Koeffizientenvergleich liefert dann in der Tat die Behauptung (1).

5.2 (Pfister [3]). Sei k reell. Die quadratische Form ρ hat genau dann endliche Ordnung in $\mathfrak{W}(k)$, wenn für **jede** reell abgeschlossene Erweiterung R von k

$$(2) \qquad \rho = \sigma \text{ in } \mathfrak{W}(R)$$

---
[1] das leere Teiltupel eingeschlossen

gilt[1]).

Beweis: Es sei (2) für jedes R erfüllt. Um zu zeigen, daß ρ endliche Ordnung in $\mathfrak{W}(k)$ besitzt, gehen wir wieder von der Wittschen Formel (4.3) aus. Sei ε eine beliebige Vorzeichenkombination. Ist dann

(3) $\quad\quad\quad \varepsilon_i a_i > 0 \quad\quad\quad$ für $i = 1,2,\ldots,n$

in einer bestimmten Ordnung < von k, d.h. hat a_i in dieser Ordnung das Vorzeichen ε_i für alle i, so folgt aus (2), daß $\Sigma \varepsilon_i = 0$ gelten muß [2]). Es ist dann

$$\sigma_\varepsilon \Pi_{\varepsilon\rho} = \sigma$$

und wir können in (5) von 4.3 den Summanden $\sigma_\varepsilon \Pi_{\varepsilon\rho}$ ignorieren.

Wir nehmen daher jetzt an, daß (3) bei keiner Ordnung von k für alle i erfüllt ist. Setzt man dann $b_i = a_i \varepsilon_i$ ($i = 1,2,\ldots,n$) so ist der Körper $k(\sqrt{b_1},\ldots,\sqrt{b_n})$ nicht reell, denn andernfalls trüge er eine Ordnung, und in dieser wären alle b_i als Quadrate positiv. Wir wenden nun das Lemma 5.1 an und erhalten eine Relation der Gestalt (1). Ist dann m-1 die maximale Länge der auftretenden Quadratsummen $q_{i_1\ldots i_r}$, so folgt, daß die Form

$m \times \prod_{i=1}^{n}(1 \oplus b_i) = m \times \Pi_{\varepsilon\rho}$ __isotrop__ ist. Für geeignetes r ist also

$2^r \times \Pi_{\varepsilon\rho} = \sigma$ in $\mathfrak{W}(k)$.

Bemerkung: Für reelles k folgen 4.6 und ein Teil von 4.7 auch unmittelbar aus 5.2.

---

1) oder - was dasselbe ist - ρ endliche Ordnung in $\mathfrak{W}(k)$ besitzt, **vgl.** 0.20,(ii),(36).
2) **vgl.** 0.20, Beispiel (ii)

§6 Der "Satz 7" von Witt [1]

Wir wollen zeigen, wie man den Wittschen Ring $W(k)$ über k durch explizite Angabe von <u>Erzeugenden</u> und <u>Relationen</u> beschreiben kann.

Sei A ein Ring. Um im folgenden Verwechslungen mit den Grundrechenarten in k zu vermeiden, bezeichnen wir die Addition in A mit $\oplus$ und die Ringmultiplikation in A mit $\otimes$. Das Nullelement von A sei $\mathcal{O}$. Wir behaupten

6.1 Es sei A der Ring erzeugt durch die Elemente $a, b, \ldots$ aus k^x mit den folgenden Relationen:

(i) $a \otimes b = ab$

(ii) $a^2 = 1$

(iii) $a \oplus b = (a+b) \oplus (a+b)ab$ [2]

(iv) $a \oplus -a = \mathcal{O}$

Dann ist $\mathfrak{W}(k)$ isomorph zu A.

<u>Beweis:</u> Daß die Relationen (i) bis (iv) in $\mathfrak{W}(k)$ gelten, ist klar (vgl. 0.7, 0.10 und 0.18). Es gibt somit einen Ringhomomorphismus $h : A \to \mathfrak{W}$, der jedem a aus k^x die Ähnlichkeitsklasse der eindimensionalen Form (a) in $\mathfrak{W}$ zuordnet. Wir wollen zeigen, daß h ein Isomorphismus ist. Hierzu genügt es, das Folgende zu zeigen:

6.2 <u>Lemma:</u> Sei $a \neq 0$ ein von der Form $\varphi = (a_1, \ldots, a_n)$ dargestelltes Element. Dann läßt sich φ nur unter Benutzung der Relationen (i) bis (iii) in die Form $\psi = (a, a_2', \ldots, a_n')$ mit gewissen a_i' überführen.

Sind nämlich $\varphi = (a_1, \ldots, a_n)$ und $\psi = (b_1, \ldots, b_n)$ zwei

---
[1] vgl. Witt [9]
[2] hierbei sei $a+b$ in k^x

quadratische Formen und gilt $\varphi \cong \psi$, so läßt sich nach obigem
Lemma φ unter alleiniger Benutzung der Relationen (i) bis (iii)
in die Form $(b_1, *, \ldots, *) = (b_1) \oplus \varphi'$ transformieren. Ist
$\psi = (b_1) \oplus \psi'$, so folgt aus dem Satz von Witt (0.9), daß
$\varphi' \cong \psi'$ gilt. Fährt man so fort, erkennt man, daß φ unter
alleiniger Benutzung von (i) bis (iii) in ψ transformiert werden
kann.

<u>Beweis von 6.2:</u> Nach Voraussetzung gibt es Elemente x_i aus k ,
so daß

$$a = \sum_{i=1}^{n} a_i x_i^2$$

gilt. Wir können ohne Einschränkung annehmen, daß alle x_i verschieden von Null sind. Im folgenden deuten wir mit $\to$ eine "zulässige" Transformation an, d.h. eine Transformation aufgrund von
(i) bis (iii). Es gilt:
$(a_1, a_2, \ldots, a_n) \to (a_1 x_1^2, a_2 x_2^2, a_3, \ldots, a_n) \to (a_1 x_1^2 + a_2 x_2^2, *, a_3, \ldots, a_n)$
$\to (a_1 x_1^2 + a_2 x_2^2, *, a_3 x_3^2, \ldots, a_n) \to (a_1 x_1^2 + a_2 x_2^2 + a_3 x_3^2, *, *, a_4, \ldots, a_n)$
$\to \ldots \to (a_1 x_1^2 + a_2 x_2^2 + \ldots + a_n x_n^2, *, \ldots, *) = (a, *, \ldots, *)$.

<u>Bemerkung:</u> In 6.1 hätten wir auch 0 aus k mit unter die Erzeugenden aufnehmen können. Die Relation (ii) soll natürlich
weiterhin nur für $a \neq 0$ gelten (während in den übrigen a oder
b gleich 0 sein darf). Aus der Relation (i) folgt (mit a = 1
und b = 0) die Relation

$$0 = \sigma .$$

Die Relation (iv) ist dann als Folge von (iii) entbehrlich.

§7 Quadratische Formen über lokalen Körpern

Wir benutzen 6.1, um den folgenden Satz zu beweisen:

7.1[1)] Es sei k ein komplett und diskret bewerteter Körper mit Restklassenkörper $\bar{k}$. Wir setzen $\operatorname{char}(\bar{k}) \neq 2$ voraus. Dann ist

(1) $\qquad \mathfrak{W}(k) \cong \mathfrak{W}(\bar{k})[\Pi] \qquad$ mit $\Pi^2 = 1$

(Gruppenring einer zyklischen Gruppe der Ordnung 2 mit Koeffizienten in $\mathfrak{W}(\bar{k})$).

Beweis: Es sei π ein Primelement von k. Jedes Element a aus k^x läßt sich eindeutig darstellen in der Gestalt

(2) $\qquad a = \varkappa\pi^\alpha$

mit einer Einheit $\varkappa$ von k und einer ganzen Zahl α. Wir definieren eine Abbildung $\varphi : k^x \to \mathfrak{W}(\bar{k})[\Pi]$, indem wir

(3) $\qquad \varphi(\varkappa\pi^\alpha) = \bar{\varkappa}\Pi^{\bar{\alpha}}$

setzen; dabei bedeutet $\bar{\varkappa}$ die Restklasse von $\varkappa$ in $\bar{k}$ und $\bar{\alpha}$ die Restklasse von α modulo 2. Man überzeugt sich nun leicht davon, daß φ die Relationen (i) bis (iv) respektiert und damit nach Satz 6.1 auf $\mathfrak{W}(K)$ definiert werden kann. Für die Relationen (i),(ii) und (iv) ist das klar, wir wollen es noch für (iii) verifizieren. Sei also

(4) $\qquad a = \varkappa\pi^\alpha, \quad b = \lambda\pi^\beta, \quad a+b = \mu\pi^\gamma$

Wir haben

(5) $\qquad \bar{\varkappa}\Pi^{\bar{\alpha}} \oplus \bar{\lambda}\Pi^{\bar{\beta}} = \mu\Pi^{\bar{\gamma}}(1 \oplus \bar{\varkappa}\bar{\lambda}\Pi^{\bar{\alpha}+\bar{\beta}})$

[1)] vgl. Springer [7]. Eine Verallgemeinerung von 7.1 hat Scharlau [5] angegeben.

in $\mathfrak{W}(k)[\Pi]$ zu zeigen. Ist nun $\alpha \neq \beta$, etwa $\alpha < \beta$, so ist $\gamma = \alpha$ und $\bar{\mu} = \bar{\varkappa}$. In diesem Fall ist also (5) sicher richtig. Ist $\alpha = \beta$, so ist

(6) $\qquad \varkappa + \lambda = \mu \pi^\delta$

mit einem $\delta \geq 0$. Ist $\delta = 0$, so folgt $\bar{\gamma} = \bar{\alpha} = \bar{\beta}$ und $\bar{\mu} = \bar{\varkappa} + \bar{\lambda}$; daher ergibt sich (5) aus 0.10. Ist hingegen $\delta > 0$, so ist $\bar{\varkappa} + \bar{\lambda} = 0$, die linke Seite von (5) also σ in $\mathfrak{W}(\bar{k})$. Aber es ist auch $1 \oplus \bar{\varkappa}\bar{\lambda} = 1 \oplus -\bar{\varkappa}^2 = \sigma$, also verschwindet auch die rechte Seite von (5).

Wir haben somit einen Ringhomomorphismus φ von $\mathfrak{W}(k)$ __auf__ $\mathfrak{W}(\bar{k})[\Pi]$. Es bleibt zu zeigen, daß φ injektiv ist. Nun ist jedes Element von $\mathfrak{W}(k)$ in der Form $\rho \oplus \pi\rho'$ darstellbar, wobei ρ und ρ' Diagonalformen mit lauter __Einheiten__ als Diagonalgliedern sind. Wir haben demnach zu zeigen: Ist $\rho = (\varkappa_1, \varkappa_2, \ldots, \varkappa_n)$ eine quadratische Form über k mit Einheiten $\varkappa_i$ als Diagonalglieder von ρ, so folgt aus

(7) $\qquad \bar{\rho} = (\bar{\varkappa}_1, \bar{\varkappa}_2, \ldots, \bar{\varkappa}_n) = \sigma \qquad$ in $\mathfrak{W}(\bar{k})$

die Trivialität von ρ über k, d.h.

(8) $\qquad \rho = (\varkappa_1, \varkappa_2, \ldots, \varkappa_n) = \sigma \qquad$ in $\mathfrak{W}(k)$.

Im Hinblick auf 6.1 genügt es hierzu nur zu bemerken, daß die Gleichung

$$\bar{\varkappa} = \bar{\lambda}$$

mit Einheiten $\varkappa, \lambda$ von k die Existenz einer Einheit ζ aus k mit

(9) $\qquad \varkappa = \lambda\zeta^2$

nach sich zieht. Dies ist aber richtig, denn die Gleichung

(10) $\qquad x^2 - \frac{\varkappa}{\lambda} = 0$

besitzt nach Hensels Lemma eine Lösung in k ; hierbei geht die
Voraussetzung char($\bar{k}$) ≠ 2 ein.

§8 Quadratische Formen über nicht reellen Körpern

8.1 Sei k nicht reell, und sei s die Stufe von k . Dann ist
𝔚(k) eine Torsionsgruppe vom Exponenten 2s .

Dies hatten wir im Anschluß an 4.4 schon festgestellt (vgl. auch 4.2).

Wir betrachten den Kern 𝔐 der Abbildung dim : 𝔚 → $\mathbb{Z}/2$,
vgl. 0.21. 𝔐 ist ein Ideal von 𝔚 mit

$$\mathfrak{W}/\mathfrak{M} \cong \mathbb{Z}/2$$

8.2 Ist k nicht reell, so besteht 𝔐 genau aus allen nilpotenten
Elementen von 𝔚(k) . 𝔐 ist das einzige Primideal in 𝔚(k) [1].

Beweis: Die zweidimensionalen Formen bilden ein (additives) Erzeugendensystem von 𝔐 . Für zweidimensionale Formen gilt aber die Formel (11) auf Seite 38 , also besteht 𝔐 nur aus nilpotenten Elementen. Ist 𝔭 ein Primideal in 𝔚 , so ist jedes nilpotente Element in 𝔭 enthalten, folglich ist 𝔐 ⊆ 𝔭 und wegen der Maximalität von 𝔐 [2] gilt dann 𝔐 = 𝔭 . Ist ρ ∉ 𝔐 , so schreibe man ρ in der Gestalt

---
[1] Insbesondere ist also 𝔚(k) ein lokaler Ring
[2] Es ist ja 𝔚/𝔐 ≅ $\mathbb{Z}/2$

(1) $\quad\quad\quad \rho = a(1 \oplus -\eta)$

mit einem $a \in k^x$ und einem η aus $\mathfrak{M}$. Ist dann etwa $\eta^{r+1} = \sigma$, so folgt

(2) $\quad\quad\quad (1 \oplus \eta \oplus \eta^2 \oplus \ldots \oplus \eta^r)(1 \oplus -\eta) = 1$

also ist ρ eine Einheit. Insbesondere ist ρ nicht nilpotent.

8.3 Für nicht reelles k ist $\mathfrak{W}(k)$ genau dann <u>endlich</u>, wenn k nur <u>endlich viele Quadratklassen</u> besitzt. Hat k^x/k^{x2} die Ordnung q [1]), so gilt die Ungleichung:

(3) $\quad\quad\quad 2q \leq |\mathfrak{W}(k)| \leq (2s)^q$

<u>Beweis</u>: Die Quadratklassen von k sind (additive) Erzeugende von $\mathfrak{W}$, und alle Elemente von $\mathfrak{W}$ haben eine Ordnung, die $2s$ teilt (8.1). Ist also k^x/k^{x2} endlich, so ist auch $\mathfrak{W}$ endlich und die Ordnung von $\mathfrak{W}$ ist ein Teiler von $(2s)^q$. Andererseits bestimmen die Quadratklassen von k und σ lauter <u>verschiedene</u> Elemente in $\mathfrak{W}(k)$. Ist also $\mathfrak{W}$ endlich, so auch k^x/k^{x2} und es gilt $q+1 \leq |\mathfrak{W}(k)|$. Nun sind aber $|\mathfrak{W}(k)|$ sowie q Potenzen von 2, also folgt $2q \leq |\mathfrak{W}(k)|$.

<u>Bemerkungen</u>:

(i) Für <u>endliche</u> Körper ist der linke Teil von (3) scharf, d.h. es steht das Gleichheitszeichen. Der rechte Teil ist scharf für $s = 1$; für $s = 2$ hingegen nicht.(Vgl. 0.20, Beispiel (iii)).

(ii) Für $s \neq 1$ gilt für den rechten Teil von (3) niemals das Gleichheitszeichen (Beweis als Übungsaufgabe).

Ist $\mathfrak{W}(k)$ endlich, so sind insbesondere alle quadratischen
_____
[1]) q ist eine Potenz von 2

Formen hinreichend hoher Dimension isotrop. Wir betrachten allgemein die folgende <u>Körperinvariante</u> u , definiert durch

(i) Jede quadratische Form ρ über k mit dim $\rho >$ u ist isotrop

(ii) Es gibt anisotrope Formen ρ über k mit dim $\rho =$ u .

<u>8.4</u>   Es gilt die Ungleichung

(4) $\qquad s \leq u \leq q \quad$ 1)

<u>Beweis:</u> Nach der Definition von u ist die Form (u+1) × (1) isotrop. Dann ist aber −1 Summe von u Quadraten in k , also $s \leq u$. Insbesondere ist u höchstens für nicht-reelle Körper endlich. Sei $\rho = a_1 \oplus a_2 \oplus \ldots \oplus a_u$ eine anisotrope Form der Dimension u über k . Nach 0.17 gilt dann $D(a_1) \subsetneq D(a_1 \oplus a_2) \subsetneq \ldots \subsetneq D(\rho) = \dot{D}(\rho)$. Daher enthält $\dot{D}(\rho)$ mindestens u verschiedene Quadratklassen.

<u>8.5</u> 2) u ist verschieden von 3,5,7 .

<u>Beweis:</u> (i) Sei u = 3 , und sei $\rho = 1 \oplus a \oplus b$ eine anisotrope Form über k . Die Form (1⊕a)(1⊕b) ist wegen u = 3 sicher isotrop. Andererseits ist sie rund, und daher gilt $\sigma =$ (1⊕a)(1⊕b) oder

$$(1 \oplus a) = -b(1 \oplus a)$$

Folglich wird −b durch die Form 1⊕a dargestellt. Dann ist aber $\rho = 1 \oplus a \oplus b$ isotrop. Widerspruch!

Der Beweis für die Fälle 5 und 7 beruht auf dem folgenden Lemma:

<u>8.6</u>   Ist u < 8 , so ist jede vierdimensionale Form der Determinante 1 universell.

---

1) Jede dieser Invarianten kann dabei ∞ sein
2) Den Beweis für u ≠ 7 verdanke ich einer Mitteilung von Pfister

Beweis: Sei ρ eine 4-dimensionale Form der Determinante 1 . Ohne Einschränkung kann man ρ in der Gestalt

$$\rho = 1 \oplus a \oplus b \oplus ab = (1 \oplus a)(1 \oplus b)$$

annehmen, d.h. als rund voraussetzen. Sei nun c aus k^x beliebig. Die Form $\rho(1 \oplus -c)$ hat die Dimension 8 , ist also wegen der Voraussetzung $u < 8$ isotrop. Andererseits ist $\rho(1 \oplus -c)$ rund, also folgt $(1 \oplus -c)\rho = 0$ in $\mathfrak{W}$, bzw. $\rho \cong c\rho$. Insbesondere wird dann c von ρ dargestellt.

(ii) Sei $u = 5$, und sei ρ eine anisotrope Form der Dimension 5. Da man immer noch mit Zahlen aus k^x durchmultiplizieren kann, kann man $\det(\rho) = 1$ voraussetzen. Wegen $u = 5$ ist ρ sicher universell, also wird speziell 1 von ρ dargestellt:

(6) $\qquad \rho = 1 \oplus \rho'$

und $\det(\rho') = \det(\rho) = 1$. Nach 8.6 ist aber ρ' universell und daher ist ρ isotrop. Widerspruch!

(iii) Sei $u = 7$, und sei ρ eine anisotrope Form der Dimension 7. Ähnlich wie unter (ii) können wir annehmen, daß ρ in der Gestalt

(7) $\qquad \rho = 1 \oplus \rho'$

mit $\det(\rho') = -1$ vorliegt. Sei $\rho' = (a_1, a_2, \ldots, a_6)$. Dann ist (in $\mathfrak{W}$) $\rho' = a_1 \oplus a_2 \oplus a_3 \oplus a_1 a_2 a_3 \oplus -a_1 a_2 a_3 \oplus a_4 \oplus a_5 \oplus a_6$. Wir setzen $\varphi = a_1 \oplus a_2 \oplus a_3 \oplus a_1 a_2 a_3$, $\psi = a_4 \oplus a_5 \oplus a_6 \oplus -a_1 a_2 a_3$. Beide, φ und ψ sind 4-dimensionale Formen der Determinante 1 . Addiert man -1 zu (7), so erhält man

(8) $\qquad \rho \oplus -1 = \varphi \oplus \psi$

Diese Gleichung gilt aus Dimensionsgründen nicht nur in $\mathfrak{W}$,

sondern sogar in W . Nach 8.6 ist nun ψ universell, also wird
-1 durch ψ dargestellt:

$$\psi = -1 \oplus \psi'$$

Aus (8) und dem Wittschen Kürzungssatz folgt daher

$$\rho = \varphi \oplus \psi'$$

Nach 8.6 ist aber φ universell und kann daher keine echte Teilform der anisotropen Form ρ sein. Widerspruch!

<u>8.7</u> (Kaplansky). Ist $s(k) = s = 2^i$, so gilt

(9) $$q \geq 2^{\frac{i(i+1)}{2}}$$

<u>Beweis:</u> Wir setzen $D_j = D(2^j)$ für $j = 0,1,2,\ldots,i$. Die D_j sind Untergruppen von $k^\times$. Wir behaupten:

<u>8.8</u> Sind $x, x' \in D_{j+1}$ ($j \geq 0$) und gilt $x \equiv x' \bmod D_j$, so folgt $x + x' \in D_{j+1}$.

Ist nämlich $x' = cx$ mit $c \in D_j$, so folgt $x + x' = (1+c)x \in D_{j+1} D_{j+1} \subseteq D_{j+1}$.

Um nun 8.7 zu beweisen, gehen wir aus von einer nach Voraussetzung bestehenden (und nicht mehr verkürzbaren) Relation:

(10) $$-1 = c_1^2 + c_2^2 + \ldots + c_s^2$$

mit $s = 2^i$. Für jedes $j = 0,1,2,\ldots,i-1$ zerlegen wir die in (10) rechtsstehende Summe in 2^{i-j-1} Teilsummen von je 2^{j+1} Summanden. Nach 8.8 bestimmen alle diese Teilsummen verschiedene Nebenklassen modulo D_j . Da auch keine derselben in D_j liegt, gilt also

$$D_{j+1} : D_j \geq 2^{i-j-1} + 1 \geq 2^{i-j}$$

letzteres, weil $D_{j+1} : D_j$ eine Potenz von 2 ist.

Zusammengenommen ergibt sich

$$k^x : k^{x2} = q \geq D_i : D_0 = \prod_{j=0}^{i-1}(D_{j+1}:D_j) \geq \prod_{j=0}^{i-1} 2^{i-j} = 2^{\frac{i(i+1)}{2}}$$

§9 Quadratische Formen über reellen Körpern

Ergänzend zu §4 und §5 wollen wir hier noch einige Tatsachen behandeln, die besonders den Wittschen Ring über reellen Körpern betreffen.

9.1 Die folgenden Aussagen sind gleichwertig:

(i) $\mathfrak{W}(k)$ hat keine Elemente endlicher Ordnung (außer 0)

(ii) k ist reell und pythagoräisch

Beweis: A. $\mathfrak{W}(k)$ habe keine Torsion. Dann ist k reell nach 4.2. Sei $c = a^2 + b^2$ mit $a,b \in k^x$ und sei $c \neq 0$. Nach 0.10 gilt dann

$$c(1 \oplus 1) = 1 \oplus 1$$

und daher $2(1 \oplus -c) = 2 \oplus -2c = 2 \oplus -2 = 0$. Nach Voraussetzung ($\mathfrak{W}(k)$ ohne Torsion) ist also $1 \oplus -c = 0$, d.h. c ist ein Quadrat in k.

B. Sei k reell und pythagoräisch. Es genügt dann zu zeigen: Ist ρ anisotrop, so ist auch $2\rho = \rho \oplus \rho$ anisotrop. Das aber ist klar, wenn k pythagoräisch und reell ist[1].

9.2 (Pfister). Sei k reell. Eine Form ρ über k ist genau dann eine <u>Einheit</u> in $\mathfrak{W}(k)$, wenn ρ eine Einheit in $\mathfrak{W}(R)$ ist für

---
1) Im Teil B des Beweises von 9.1 haben wir §4 nicht benutzt

alle reell abgeschlossenen Erweiterungen R von k, d.h.

(1) $\qquad \rho = \pm 1$ in $\mathfrak{W}(R)$

für alle R .

Beweis: Ist ρ eine Einheit in $\mathfrak{W}(k)$, so auch in jedem $\mathfrak{W}(R)$.
Sei umgekehrt (1) erfüllt. Indem wir ρ^2 statt ρ betrachten,
können wir ohne Einschränkung annehmen, daß in (1) stets das +
Zeichen steht. Es ist dann

$$\rho = 1 \oplus -\rho'$$

und ρ' ist nilpotent nach 5.2 und 4.7. Folglich ist ρ eine
Einheit in $\mathfrak{W}(k)$.

9.3 (Pfister). Die Diskriminantenabbildung[1] dis : $\mathfrak{W} \to k^x/k^{x2}$
induziert einen Isomorphismus

$$d : \mathfrak{W}/\mathfrak{W}^2 \to k^x/k^{x2}$$

von abelschen Gruppen[2].

Beweis: Auf $\mathfrak{W}$ ist dis multiplikativ, denn für gerades n und
m gilt $\binom{n}{2} + \binom{m}{2} \equiv \binom{n+m}{2}$ mod 2. Außerdem ist d surjektiv,
denn dis$(1\oplus-a) = a$ für alle $a \in k^x$. $\mathfrak{W}^2$ ist erzeugt durch
Elemente der Form $(a_1 \oplus a_2)(a_3 \oplus a_4)$, und diese haben Diskriminante
1. Sei umgekehrt $\rho = (a_1, a_2, \ldots, a_{2m})$ eine Form gerader Dimension
mit dis$(\rho) = 1$. Durch Induktion nach m wollen wir zeigen, daß
dann $\rho \in \mathfrak{W}^2$ gilt. Ist $m = 1$, so ist $\rho = (a_1, -a_1) = \sigma$. Ist
$m = 2$, so ist $\rho = (a_1, a_2, a_3, a_1 a_2 a_3) \cong a_1 a_2 a_3 (1 \oplus a_1 a_2)(1 \oplus a_1 a_3)$,
also $\rho \in \mathfrak{W}^2$. Wir setzen nun $n > 2$ voraus. Dann ist
$\rho = (a_1, a_2, a_3, a_1 a_2 a_3) \oplus (-a_1 a_2 a_3, a_4, \ldots, a_{2n})$ in $\mathfrak{W}$. Der erste
direkte Summand auf der rechten Seite hat Diskriminante 1, also
auch der zweite. Die Behauptung folgt nun aus der Induktionsannahme.

---
[1] siehe 0.22
[2] Zur Definition von $\mathfrak{W}$ vgl. Seite 45

9.4 $W(k)$ ist genau dann __noethersch__, wenn k nur __endlich viele Quadratklassen__ besitzt[1] .

__Beweis:__ Ist W noethersch, so ist $\mathfrak{M}$ endlich erzeugter W-Modul, also $\mathfrak{M}/\mathfrak{M}^2$ endlich erzeugter $W/\mathfrak{M}$-Modul. Nun ist aber $W/\mathfrak{M} \cong \mathbb{Z}/2$, also ist $\mathfrak{M}/\mathfrak{M}^2$ endlich. Nach 9.3 ist dann auch k^x/k^{x2} endlich. Ist umgekehrt k^x/k^{x2} als endlich vorausgesetzt, so ist der Gruppenring $\mathbb{Z}[k^x/k^{x2}]$ der endlichen abelschen Gruppe k^x/k^{x2} noethersch. W ist aber ein homomorphes Bild von $\mathbb{Z}[k^x/k^{x2}]$, also ist W noethersch.

Weitere Sätze über quadratische Formen über reellen Körpern siehe §11 .

§10 Bemerkungen über Erweiterung des Grundkörpers

Sei K ein Erweiterungskörper von k . Da man jede quadratische Form über k auch als quadratische Form über K auffassen kann, gibt es einen kanonischen Ringhomomorphismus

(1) $\qquad W(k) \rightarrow W(K)$.

10.1 Lemma 1. Es sei ρ eine __anisotrope__ quadratische Form über k . Ist ρ isotrop über der quadratischen Erweiterung $K = k(\sqrt{d})$ von k , so enthält ρ eine zweidimensionale Teilform der Gestalt

(2) $\qquad a(1 \oplus -d)$

---

[1] Ist k nicht reell, so ist $W(k)$ dann sogar endlich, vgl. 8.3

Umgekehrt folgt natürlich aus der Existenz einer solchen Teilform, daß ρ isotrop über K wird.

Beweis: Sei $\rho = (a_1, a_2, \ldots, a_n)$. Nach Voraussetzung gibt es Elemente $x_i + y_i\sqrt{d}$ aus K mit

(3) $\qquad \Sigma a_i(x_i + y_i\sqrt{d})^2 = 0$

wobei nicht alle x_i und y_i verschwinden. Die Gleichung (3) ist gleichwertig mit den beiden Gleichungen

(4) $\qquad \Sigma a_i x_i^2 + d\Sigma a_i y_i^2 = 0, \qquad \Sigma a_i x_i y_i = 0$

Setzt man also $x = (x_1, x_2, \ldots, x_n)$, $y = (y_1, y_2, \ldots, y_n)$, so ist $\rho(x,y) = 0$, d.h. x und y sind bezüglich ρ <u>orthogonal</u>. Ferner ist $a = \rho(x) \neq 0$ sowie $b = \rho(y) \neq 0$. Also ist $\rho \cong a \oplus b \oplus \ldots$. Aus der ersten Gleichung von (4) ergibt sich nun die Behauptung.

Aus 10.1 erhält man durch Induktion

10.2 Lemma 2. Eine quadratische Form ρ über k wird genau dann trivial über $K = k(\sqrt{d})$, wenn ρ in $\mathfrak{W}(k)$ die Gestalt

(5) $\qquad \rho = \varphi(1 \oplus -d)$

besitzt.

Als Folgerung von 10.2 erhalten wir

10.3 Wird die quadratische Form ρ über k trivial über $k(\sqrt{d})$, so gilt

(6) $\qquad -d\rho = \rho \quad \text{in } \mathfrak{W}(k)$

Beweis: Es ist $\rho = \varphi(1\oplus-d)$ nach 10.2. Daraus folgt $(1\oplus d)\rho = \varphi(1\oplus-d)(1\oplus d) = 0$ in $\mathfrak{W}(k)$. Also gilt (6).

10.4 Ist L die pythagoräische Hülle von k , so ist der Kern des kanonischen Homomorphismus $\mathfrak{W}(k) \to \mathfrak{W}(L)$ eine 2-Torsionsgruppe[1].

Beweis: L entsteht aus k durch sukzessive Adjunktion von Elementen der Form $\sqrt{1+a^2}$. Sei also $K = k(\sqrt{1+a^2})$ mit $a \in k'$, und ρ eine quadratische Form über k' mit $\rho = \sigma$ in $\mathfrak{W}(K)$. Nach 10.3 gilt mit $d = 1+a^2$

$$\sigma = \rho \oplus d\rho = \rho(1 \oplus d) = \rho(1 \oplus (1+a^2)) = \rho(1 \oplus 1) ,$$

letzteres nach 0.10. Also ist $2 \times \rho = 2\rho = \sigma$.

10.5 Bemerkung: Mittels 10.4 kann man den Satz 4.4 über die Torsionselemente des Wittschen Ringes auch ohne Benutzung der Wittschen Formel 4.3 sowie der Theorie der runden Formen beweisen: Sei ρ ein Element endlicher Ordnung in $\mathfrak{W}(k)$, und sei L die pythagoräische Hülle von k . Ist L reell, so kann man leicht zeigen, daß $\mathfrak{W}(L)$ torsionsfrei ist (vgl. Teil B des Beweises von 9.1). Also liegt ρ im Kern von $i_{L/k}$ und daher ist seine Ordnung nach 10.4 eine Potenz von 2. Ist L nicht reell, so ist -1 ein Quadrat in L . Dann gilt aber $2\varphi = \sigma$ in $\mathfrak{W}(L)$ für alle quadratischen Formen φ über L . Also liegt 2ρ im Kern von $i_{L/k}$, wird also nach 10.4 durch eine Potenz von 2 annulliert. Dasselbe gilt dann auch für ρ .

Für reelles k folgt 10.4 natürlich umgekehrt auch direkt aus 5.2.

10.6 Sei $K = k(\sqrt{d})$ eine quadratische Erweiterung von k und ρ eine quadratische Form über k . Dann gilt

(7) $\qquad N_{K/k}(\dot{D}_K(\rho)) \subseteq D_k(\rho)D_k(\rho)$ [2]

---

1) vgl. Scharlau [6]
2) vgl. Pfister [4], der 10.6 für d = -1 bewiesen hat

Hierbei ist mit $N_{K/k}$ die Normabbildung von K^x nach k^x bezeichnet.

<u>Beweis:</u> Es ist einerseits

(8) $\qquad N_{K/k}(\rho(x + y\sqrt{d})) = (\rho(x) + d\rho(y))^2 - 4d\rho(x,y)^2$

Andererseits gilt die Formel $(\rho(x)+d\rho(y))^2 - 4d\rho(x,y)^2 =$

$\rho(y) \, \rho\{(\frac{\rho(x)}{\rho(y)} + d - \frac{4\rho(x,y)^2}{\rho(y)^2})y + \frac{2\rho(x,y)}{\rho(y)} x\}$ $\quad$ für $\rho(y) \neq 0$.

Dies können wir aber zum Beweis von (7) ohne Einschränkung annehmen.

Ist K eine endliche Erweiterung von k, so kann man[1] auch Homomorphismen der additiven Gruppe $\mathfrak{W}(K)^+$ in die additive Gruppe $\mathfrak{W}(k)^+$ definieren. Sei dazu r irgendeine k-lineare Abbildung $\neq 0$ von K in k. Ist φ eine quadratische Form über K, so ist

(9) $\qquad r^*(\varphi) = r \cdot \varphi$

eine quadratische Form über k und zwar von der Dimension $(K : k)\dim\varphi$. Mit r^* bezeichnen wir auch die induzierte Abbildung von $\mathfrak{W}(K)$ in $\mathfrak{W}(k)$.

<u>10.7</u> Ist ρ eine quadratische Form über k, so gilt die Formel

(10) $\qquad r^*(i(\rho)) = r^*(1)\rho$

Hierbei ist mit $i = i_{K/k}$ die kanonische Abbildung (1) bezeichnet. Der Kern von i liegt also im Annullator von $r^*(1)$ für jedes r.

<u>Beweis:</u> Man braucht (10) nur für eindimensionale Formen nachzu-

---

1) vgl. Scharlau [6]

prüfen, und für diese ist (10) klar.

10.8 (Springer). Ist K eine endliche Erweiterung <u>ungeraden</u> Grades von k, so ist

$$i_{K/k} : \mathfrak{B}(k) \to \mathfrak{B}(K)$$

injektiv.

<u>Beweis:</u> Ist $i(\rho) = \sigma$ in $\mathfrak{B}(K)$, so gilt

$$r^*(1)\rho = \sigma \text{ in } \mathfrak{B}(k)$$

nach 10.7. Nun ist aber dim $r^*(1) = K : k$ ungerade, also folgt $\rho = \sigma$ in $\mathfrak{B}(k)$ nach 4.5.

Ist $K = k(\sqrt{d})$ eine quadratische Erweiterung von k, so definiere man r durch

$$r(1) = 1 , \quad r(\sqrt{d}) = 0$$

Dann ist $r^*(1) = 1 \oplus d$, und daher ergibt sich 10.3 auch aus 10.7.

§11 Die Primideale in $\mathfrak{W}(k)$

Es sei $\mathfrak{p}$ ein Primideal in $\mathfrak{W} = \mathfrak{W}(k)$. Für jedes a aus $k^{\times}$ gilt

(1) $\qquad (1 \oplus a)(1 \oplus -a) = \sigma \quad \text{in } \mathfrak{W},$

also folgt

(2) $\qquad a \equiv 1 \bmod \mathfrak{p} \quad \text{oder} \quad a \equiv -1 \bmod \mathfrak{p}$

Sei $\rho = (a_1, a_2, \ldots, a_n)$ eine quadratische Form über k. Dann gibt es demnach Zahlen $\epsilon_1, \epsilon_2, \ldots, \epsilon_n$ mit $\epsilon_i = \pm 1$, so daß

(3) $\qquad a_i \equiv \epsilon_i \bmod \mathfrak{p}$

Es folgt dann die Formel

(4) $\qquad \rho \equiv (\sum_{1}^{n} \epsilon_i) \times 1 \bmod \mathfrak{p}$

Infolgedessen ist der Homomorphismus

(5) $\qquad \mathbb{Z} \to \mathfrak{W}/\mathfrak{p}$

definiert durch $1 \to 1 \bmod \mathfrak{p}$ surjektiv. Entweder ist also

(6) $\qquad \mathfrak{W}/\mathfrak{p} \cong \mathbb{Z} \quad \text{oder} \quad \mathfrak{W}/\mathfrak{p} \cong \mathbb{Z}/p$

mit einer Primzahl p.

In $\mathfrak{W}$ gibt es stets das Primideal $\mathfrak{M}$ aller quadratischen Formen gerader Dimension. Es gilt $\mathfrak{W}/\mathfrak{M} \cong \mathbb{Z}/2$, also ist $\mathfrak{M}$ sogar ein maximales Ideal (vgl. Seite 45). Unter den Primidealen von $\mathfrak{W}$ nimmt $\mathfrak{M}$ eine Sonderrolle ein:

11.1 Es ist $\mathfrak{P} = \mathfrak{M}$ genau dann, wenn

(7) $\qquad 1 \equiv -1 \mod \mathfrak{P}$

Denn einerseits ist $1 \oplus 1 = 0 \mod \mathfrak{M}$, und setzt man andererseits (7) voraus, so nimmt (4) die Gestalt

(8) $\qquad \rho \equiv \dim \rho \times 1 \mod \mathfrak{P}$

an. Es folgt $\mathfrak{M} \subset \mathfrak{P}$ und damit $\mathfrak{M} = \mathfrak{P}$.

11.2 Wir setzen $\mathfrak{P} \neq \mathfrak{M}$ voraus. Dann gelten für die Menge P aller a aus k^x mit

(9) $\qquad a \equiv 1 \mod \mathfrak{P}$

die folgenden Bezeichnungen:

(i) $P \cup -P \cup \{0\} = k$ \qquad (ii) $P \cap -P = \emptyset$

(iii) $PP \subset P$ \qquad (iv) $P + P \subset P$

d.h. P ist der <u>Positivbereich</u> (der streng positiven Elemente) einer <u>Ordnung</u> des Körpers k.

<u>Beweis:</u> (i) und (iii) sind klar, (ii) besagt nichts anderes als $1 \not\equiv -1 \mod \mathfrak{P}$. Es muß also noch (iv) gezeigt werden. Seien a,b Elemente von k^x mit $a \equiv b \equiv 1 \mod \mathfrak{P}$. Nun ist aber

$$a \oplus b = (a+b)(1 \oplus ab) \quad ^{1)}$$

nach 0.10; also folgt $1 \oplus 1 \equiv (a+b)(1 \oplus 1) \mod \mathfrak{P}$. Wegen $1 \oplus 1 \not\equiv 0 \mod \mathfrak{P}$ ist also in der Tat $a+b \equiv 1 \mod \mathfrak{P}$.

Sei P der Positivbereich einer Ordnung von k (wir sagen auch kurz: Sei P eine Ordnung von k). Mit $\text{sgn} = \text{sgn}_P$ bezeichnen wir die zugehörige Vorzeichenfunktion. Für $a \in k$ ist also

---

1) es ist $a+b \neq 0$

$$\text{sgn}(a) = \begin{cases} 1, & \text{falls } a \in P \\ -1, & \text{falls } a \in -P \\ 0, & \text{falls } a = 0 \end{cases}$$

11.3 Ist P eine Ordnung von k, so läßt sich die Vorzeichenfunktion sgn_P von k auf $\mathfrak{W}(k)$ "fortsetzen", d.h. es gibt einen Homomorphismus von $\mathfrak{W}$ in $\mathbb{Z}$, den wir wieder mit sgn_P bezeichnen, so daß für $\rho = (a_1,\ldots,a_n)$ gilt

(10) $\qquad \text{sgn}_P(\rho) = \sum_{i=1}^{n} \text{sgn}_P(a_i)$

Beweis: Mit R bezeichnen wir eine reell abgeschlossene Erweiterung von k bezüglich der Ordnung P von k. In R ist jede Form $\rho = (a_1, a_2, \ldots, a_n)$ äquivalent zu einer Form der Gestalt $(\epsilon_1, \epsilon_2, \ldots, \epsilon_n)$ mit $\epsilon_i = \text{sgn}_P(a_i)$. Die Anzahl der ϵ_i mit $\epsilon_i = -1$ ist dabei eindeutig durch ρ bestimmt. Die Abbildung $s : \mathfrak{W}(R) \to \mathbb{Z}$, definiert durch $s(\rho) = \Sigma \epsilon_i$, ist ein Isomorphismus (vgl. .0.20, Beispiel (ii)). Ist

$$i_{R/k} : \mathfrak{W}(k) \to \mathfrak{W}(R)$$

die natürliche Abbildung von $\mathfrak{W}(k)$ in $\mathfrak{W}(R)$, so hat man nur

$$\text{sgn}_P = s \cdot i_{R/k}$$

zu setzen [1].

Der Kern $\mathfrak{P}$ von sgn_P zu einer Ordnung P von k ist ein Primideal von $\mathfrak{W}$ mit

(11) $\qquad \mathfrak{W}/\mathfrak{P} \cong \mathbb{Z}$

Ist umgekehrt ein beliebiges Primideal $\mathfrak{P} \neq \mathfrak{W}$ von $\mathfrak{W}(k)$ gegeben und ist P die zu $\mathfrak{P}$ nach 11.2 gehörige Ordnung von k, so

---
[1] Man kann 11.3 auch leicht aus 6.2 folgern

folgt für jedes ρ aus (4) die Beziehung

(12) $\qquad \rho \equiv \mathrm{sgn}_P(\rho) \mod \mathfrak{P}$

Der Kern von sgn_P ist also in $\mathfrak{P}$ enthalten. Ist $\mathfrak{W}/\mathfrak{P} \cong \mathbb{Z}$, so ist er gleich $\mathfrak{P}$.

11.4 Ist k <u>nicht reell</u>, so ist $\mathfrak{M}$ das einzige Primideal von $\mathfrak{W}(k)$.

Das folgt unmittelbar aus 11.2.

11.5 Ist k <u>reell</u>, so sind die Primideale von $\mathfrak{W}(k)$ die folgenden:
(i) Die Kerne der Abbildungen $\mathrm{sgn}_P : \mathfrak{W}(k) \to \mathbb{Z}$, wobei P die Ordnungen von k durchläuft; das zu P gehörige Primideal ist daher die Menge

(13) $\qquad \mathfrak{P} = \{\rho = (a_1,\ldots,a_n) \mid \sum_{i=1}^{n} \mathrm{sgn}_P(a_i) = 0\}$

es gilt

(14) $\qquad \mathfrak{W}/\mathfrak{P} \cong \mathbb{Z}$

(ii) Über jedem Primideal $\mathfrak{P}$ der Gestalt (13) liegen noch die unendlich vielen <u>maximalen</u> Ideale

(15) $\qquad \mathfrak{P}_p = \{\rho = (a_1,\ldots,a_n) \mid \sum_{i=1}^{n} \mathrm{sgn}_P(a_i) \equiv 0 \mod p\}$

Dabei durchläuft p alle Primzahlen. Es gilt

(16) $\qquad \mathfrak{W}/\mathfrak{P}_p \cong \mathbb{Z}/p$

Ferner ist $\mathfrak{P}_2 = \mathfrak{M}$ für beliebiges $\mathfrak{P}$, hingegen $\mathfrak{P}_p \neq \mathfrak{P}'_p$ für $\mathfrak{P} \neq \mathfrak{P}'$ und $p \neq 2$.

Wir betrachten jetzt das <u>Nilradikal</u> $\sqrt{0}$ von $\mathfrak{W}$. Nach seiner Definition besteht $\sqrt{0}$ aus allen nilpotenten Elementen von $\mathfrak{W}$.

Wie in jedem kommutativen Ring mit Eins ist das Nilradikal der Durchschnitt aller Primideale - oder was dasselbe ist - der Durchschnitt aller <u>minimalen</u> Primideale.

<u>11.6</u> Das <u>Jacobsonradikal</u> von $\mathfrak{N}$, d.h. der Durchschnitt aller <u>maximalen</u> Ideale von $\mathfrak{B}$ ist gleich dem Nilradikal von $\mathfrak{B}$.

Ist nämlich $\mathfrak{P}$ ein Primideal der Sorte (13), so gilt
$\cap_p \mathfrak{P}_p = \mathfrak{P}$.

<u>11.7</u> Ist k nicht reell, so ist $\mathfrak{N}$ die Menge aller nilpotenten Elemente in $\mathfrak{B}(k)$. Es gibt ferner eine Zahl n , so daß

(17) $\qquad 2^n \times \rho = \sigma$

für alle ρ .

Von neuem ergibt sich also 8.2 sowie 8.1, letzteres allerdings ohne den Zusammenhang mit der Stufe von k .

<u>Beweis von 11.7</u>: Es ist nämlich $\sqrt{0} = \mathfrak{N}$ wegen 11.4. Außerdem ist sicher $2 \in \mathfrak{N}$, also gibt es ein n mit $2^n = \sigma$. Dann ist auch $2^n \times \rho = 2^n \rho = \sigma$ für alle ρ .

Wir wollen nun zeigen,wie sich auch das "Hasseprinzip" für quadratische Formen (vgl. 5.2) aus den Betrachtungen dieses Paragraphen ergibt:

<u>11.8</u> Ist k reell, so sind folgende Aussagen gleichwertig:
   (i) ρ ist nilpotent in $\mathfrak{B}(k)$
   (ii) $\text{sgn}_P(\rho) = 0$ für alle Ordnungen P von k
   (iii) ρ verschwindet in allen reell abgeschlossenen Erweiterungen R von k
   (iv) ρ ist Torsionselement von $\mathfrak{B}(k)$

Die Äquivalenz von (i), (ii), (iii) ist klar bzw. folgt aus 11.5.

Außerdem zieht (iv) offenbar (ii) nach sich. Es bleibt zu zeigen, daß jedes nilpotente Element Torsion besitzt:

<u>11.9</u>   Ist ρ nilpotent in $\mathfrak{W}(k)$, so ist $2^n \times \rho = \mathcal{O}$ in $\mathfrak{W}(k)$ für geeignetes n [1].

<u>Beweis</u>: Wir nehmen an, die Behauptung sei falsch, d.h. es gelte

(18) $\qquad 2^i \times \rho \neq \mathcal{O} \qquad$ für $i = 0,1,2,3,\ldots$

In einer algebraisch abgeschlossenen Hülle von k sei K ein maximaler Erweiterungskörper von k , über dem (18) ebenfalls noch gilt. Der Körper K ist dann reell (11.7). Ferner besitzt K mehr als zwei Quadratklassen, denn für reelle Körper mit den Quadratklassen 1 und -1 ist $\mathfrak{W}(K) \cong \mathbb{Z}$ und daher 11.9 sicher richtig. Es seien

$$1, a, b, ab$$

vier verschiedene Quadratklassen von K . Ist allgemein d kein Quadrat in K , so gibt es wegen der Maximalität von K ein i mit

(19) $\qquad 2^i \times \rho = \mathcal{O} \quad \text{in} \quad \mathfrak{W}(K(\sqrt{d}))$

Wir können i so wählen, daß (19) für d = a,b,ab gleichzeitig erfüllt ist. Wir betrachten nun die Form $\rho' = 2^i \times \rho$ über K . Gilt (19), so folgt nach 10.3

$$(-a)\rho' = \rho', \quad -b\rho' = \rho', \quad -ab\rho' = \rho'$$

Multipliziert man die erste dieser Gleichungen mit b , so erhält man mittels der anderen

$$\rho' = -ab\rho' = b\rho' = -\rho' \quad \text{in} \quad \mathfrak{W}(K)$$

---

[1] Dies hatten wir in 4.7 schon einmal festgestellt. Hier geben wir für diese Tatsache einen anderen Beweis.

Also ist $2 \times \rho' = 0$ und somit $2^{i+1} \times \rho = 0$ in $W(K)$.
Widerspruch!

Wir können nun auch eine Übersicht über die Nullteiler von $\mathfrak{B}$ geben. Zunächst stellen wir fest, daß allgemein gilt

11.10 Es sei A ein kommutativer Ring mit Eins und sei $\mathfrak{N}$ die Menge der Nullteiler von A. Dann ist

(20) $\qquad \mathfrak{N} = \cup \mathfrak{P}_i$

Vereinigung gewisser Primideale $\mathfrak{P}_i$ von A.

Beweis: Es sei

$$S = A \setminus \mathfrak{N}$$

die multiplikativ abgeschlossene Teilmenge der Nichtnullteiler von A. Sei nun $a \in \mathfrak{N}$. Dann gibt es (nach Zorn's Lemma) ein Ideal $\mathfrak{P}$ in A, welches maximal bezüglich der folgenden Eigenschaften ist

(i) $a \in \mathfrak{P}$ (ii) $\mathfrak{P} \cap S = \emptyset$

Wir wollen zeigen, daß $\mathfrak{P}$ ein Primideal von A ist. Sei $x, y \in \mathfrak{P}$, aber $x, y \notin \mathfrak{P}$. Wir betrachten die Ideale $\mathfrak{P} + xA$, $\mathfrak{P} + yA$, welche von $\mathfrak{P}$ und x bzw. y erzeugt werden. Wegen der Maximalität von $\mathfrak{P}$ enthalten beide Ideale Nichtnullteiler s bzw. s'. Es ist aber

$$ss' \in (\mathfrak{P}+xA)(\mathfrak{P}+yA) \subseteq \mathfrak{P}+\mathfrak{P}+\mathfrak{P}+\mathfrak{P} = \mathfrak{P}$$

Widerspruch!

11.11 Sei k reell und sei ρ eine quadratische Form über k. Ist dann

(21) $\qquad \mathrm{sgn}_P(\rho) = 0$

für eine Ordnung P von k , so ist ρ ein Nullteiler von $\mathfrak{W}(k)$.

Beweis: Wegen (21) gilt

$$\rho = \bigoplus_{i=1}^{n} (a_i \oplus -b_i) \qquad \text{mit } a_i, b_i \in P$$

Wir setzen

$$\tau = \prod_{i=1}^{n} (a_i \oplus b_i)$$

Dann ist $\rho\tau = 0$, aber $\tau \neq 0$.

Die minimalen Primideale[1] von $\mathfrak{W}(k)$ für reelles k kommen also sämtlich in der Vereinigung (20) vor. Ein maximales Ideal $\mathfrak{P}_p$ mit $p \neq 2$ kann aber in (20) nicht auftreten, da es nach 11.8 und 11.9 in $\mathfrak{W}(k)$ keine Elemente der Ordnung p gibt. Das Ideal $\mathfrak{M}$ tritt hingegen genau dann auf, wenn $1\oplus 1$ ein Nullteiler in $\mathfrak{W}(k)$ ist[2].

Zusammenfassend ergibt sich:

11.13 Ist k <u>reell</u> und <u>pythagoräisch</u>, so besteht die Menge der Nullteiler von $\mathfrak{W}(k)$ genau aus allen ρ , zu denen ein reeller Abschluß R von k existiert, über dem ρ trivial wird. Ist hingegen k <u>nicht pythagoräisch</u> (oder <u>nicht reell</u>), so gilt

$$\mathfrak{N} = \mathfrak{M}$$

d.h. die Nullteiler von $\mathfrak{W}(k)$ sind genau die Formen gerader Dimension.

---

1) vgl. 11.5
2) oder - was dasselbe ist - $\mathfrak{W}(k)$ Torsion besitzt, vgl. 11.8 und 11.9

§12 Quadratische Formen über Funktionenkörpern mit reell abgeschlossenem Grundkörper

In diesem Paragraphen wollen wir Ergebnisse von Pfister [4] und Witt [unveröffentlicht] behandeln.

Wir betrachten einen Funktionenkörper k über einem reell abgeschlossenen Grundkörper k_o. Der Transzendenzgrad von k über k_o sei n. Für alles weitere ist die folgende Tatsache grundlegend:

(T_n) Ist φ eine quadratische Form über $k(\sqrt{-1})$

und ist

(1) $\qquad \dim \varphi > 2^n$

so ist φ isotrop über $k(\sqrt{-1})$.

Dies ergibt sich aus dem <u>Satz von Tsen</u>[1]. Im folgenden sei k stets ein Funktionenkörper vom Transzendenzgrad n über einem reell abgeschlossenen Grundkörper. Es genügt für das Folgende auch, über k nur vorauszusetzen, daß (T_n) für k erfüllt ist.

Eine unmittelbare Folge von (T_n) ist

<u>12.1</u> Es gelte (T_n) für k. Ist dann ρ eine quadratische Form der Dimension 2^n über k, so ist ρ <u>universell</u> über dem Körper $k(\sqrt{-1})$.

Denn die Form $\varphi = \rho \oplus -c$ ist für beliebiges $c \neq 0$ aus $k(\sqrt{-1})$ wegen (T_n) isotrop über $k(\sqrt{-1})$. Daher stellt ρ die Zahl c dar (vgl. 0.13).

---

1) vgl. [8]

12.2 Es gelte (T_n) für k. Ist dann ρ rund über k und

(2) $\qquad \dim \rho \geq 2^n$

so gilt

(3) $\qquad \dot{D}(2) \subseteq D(\rho)$

d.h. ρ stellt alle von 0 verschiedenen Summen von zwei Quadraten in k dar.

<u>Beweis:</u> Nach 12.1 ist ρ universell über dem Körper $K = k(\sqrt{-1})$. Nun gilt aber nach 10.6

(4) $\qquad N_{K/k}(\dot{D}_K(\rho)) \subseteq D_k(\rho)D_k(\rho) \subseteq D_k(\rho)$

wobei wir auch noch ausgenutzt haben, daß ρ rund ist (vgl. 2.2). Wegen $N(a + b\sqrt{-1}) = a^2 + b^2$ ergibt sich daher aus (4) die Behauptung.

Im folgenden benötigen wir einen <u>Hilfssatz</u>:

12.3 Die quadratische Form ρ über k [1]) habe die Gestalt

(5) $\qquad \rho = \prod_{i=1}^{m}(1\oplus a_i)$

Dann gilt

(6) $\qquad D(\rho) \subseteq \bigcup_c D(1\oplus c_m)$

wobei die Vereinigung über alle $c = (c_1, c_2, \ldots, c_m)$ genommen wird mit

(7) $\qquad \rho = \prod_{i=1}^{m}(1\oplus c_i)$

<u>Beweis:</u> Wir führen Induktion nach der Anzahl m der Faktoren in (5). Sei also $m > 1$ und die Behauptung für $m-1$ richtig. Wir

---

1) hier ist k beliebig

gehen aus von der Zerlegung

(8) $\quad \rho = \rho_{m-1}(1 \oplus a_m) = \rho_{m-1} \oplus a_m \rho_{m-1}$

mit

(9) $\quad \rho_{m-1} = \prod_{i=1}^{m-1}(1 \oplus a_i)$

Es sei x ein Element von $D(\rho)$. Dann läßt sich x darstellen in der Gestalt (vgl. 0.14)

(10) $\quad x = y + a_m z \qquad$ mit $\quad y,z \in D(\rho_{m-1})$

Weil ρ_{m-1} rund ist, können wir wegen (8) a_m durch $a_m z$ ersetzen, also ohne Einschränkung annehmen, daß (10) die Gestalt

(11) $\quad x = y + a_m \qquad$ mit $\quad y \in D(\rho_{m-1})$

besitzt. Wir machen nun von der Induktionsvoraussetzung Gebrauch. Danach existieren $c_1', c_2', \ldots, c_{m-1}' = c'$ aus k^x mit

(12) $\quad \rho_{m-1} = \prod_{i=1}^{m-1}(1 \oplus c_i')$

und

(13) $\quad y \in D(1 \oplus c')$

Da man durch Quadrate immer noch abändern kann, können wir ohne Einschränkung annehmen, daß aufgrund von (11) und (13) gilt

(14) $\quad x = 1 + c' + a_m$

Nun ist aber $(1 \oplus c')(1 \oplus a_m) = 1 \oplus c' \oplus a_m \oplus c'a_m = 1 \oplus (c' + a_m) \oplus (c' + a_m)c'a_m \oplus c'a_m$ nach 0.10. Es folgt

(15) $\quad (1 \oplus c')(1 \oplus a_m) = (1 \oplus c'a_m)(1 \oplus (c' + a_m))$

Wir setzen nun

$\quad c_m = c' + a_m, \quad c_{m-1} = c'a_m, \quad$ und $c_i = c_i'$ sonst.

Dann gilt nach (12) und (15)

(16) $\quad \rho = \rho_{m-1}(1 \oplus a_m) = \prod_{i=1}^{m-2}(1 \oplus c_i)(1 \oplus c')(1 \oplus a_m) = \prod_{i=1}^{m}(1 \oplus c_i)$

und aufgrund von (14) ist

(17) $\quad x \in D(1 \oplus c_m)$

Dies zeigt die Richtigkeit der Behauptung für m.

12.4 Es gelte (T_n) für k. Die quadratische Form ρ über k habe die Gestalt

(18) $\quad \rho = \prod_{1}^{m}(1 \oplus a_i)$

(i) Für $m > n$ (d.h. $\dim \rho > 2^n$) gilt

(19) $\quad D(2\rho) \subseteq D(\rho)$

(ii) Ist $m = n$, so gilt

(20) $\quad \dot{D}(2\rho) \subseteq D(\rho)$

<u>Beweis:</u> Wir betrachten zunächst die Behauptung (i). Ohne Einschränkung können wir annehmen, daß ρ nicht isotrop ist, denn dann ist (19) trivialerweise richtig. Es folgt daraus insbesondere $\sqrt{-1} \notin k$, weil ja (T_n) gelten soll. Sei nun $x \in D(2\rho) = D(\rho) + D(\rho)$, etwa $x = a+b = a(1+ba^{-1})$ mit $a, b \in D(\rho)$. Weil ρ rund und daher $D(\rho) = \dot{D}(\rho)$ eine Gruppe ist, genügt es, zum Beweis von (19) zu zeigen:

Aus $y \in D(\rho)$ folgt $1 + y \in D(\rho)$

Wir wenden hierfür Hilfssatz 12.3 an. Danach existieren zu $y \in D(\rho)$ Elemente $c_1, c_2, \ldots, c_m = c$ aus k^x mit

(21) $\quad \rho = \prod_{i=1}^{m}(1 \oplus c_i)$ und $y \in D(1 \oplus c)$

Die Dimension der runden Form

$$\rho' = \prod_{i=1}^{m-1}(1 \oplus c_i)$$

ist $\geq 2^n$. Nach 12.2 gilt daher $\dot{D}(2) \subseteq D(\rho')$ und wegen $\sqrt{-1} \notin k$ auch

(22) $\qquad D(2) \subseteq D(\rho')$

Aus (22) und (21) folgt

$\qquad 1 + y \in D(1 \oplus 1 \oplus c) \subseteq D(\rho' \oplus c) \subseteq D(\rho' \oplus \rho'c) = D(\rho)$

wobei wir zuletzt ausgenutzt haben, daß $1 \in D(\rho')$ gilt, weil ρ' rund ist.

Es sei jetzt $m = n$ und $x \in \dot{D}(2\rho)$. Wir betrachten dann die Form

$$\rho' = \rho(1 \oplus -x)$$

Nach (i) gilt

(23) $\qquad D(2\rho') \subseteq D(\rho')$

Nun ist aber $2\rho' = 2\rho \oplus (-x)2\rho = 2\rho \oplus -2\rho = \sigma$ in $\mathfrak{W}(k)$. Also ist ρ' nach (23) isotrop. Doch ρ' ist rund, also ist $\rho' = \sigma$ in $\mathfrak{W}(k)$ und somit

$$\rho \cong x\rho$$

Wegen $1 \in D(\rho)$ folgt hieraus $x \in D(\rho)$.

Aus 12.4 ziehen wir eine Reihe von Folgerungen:

<u>12.5</u> Unter denselben Voraussetzungen wie in 12.4 gilt für alle $j = 1,2,\ldots$

(24) $\qquad D(2^j\rho) \subseteq D(\rho) \qquad$ für $m > n$

und

(25) $\qquad \dot{D}(2^j\rho) \subseteq D(\rho) \qquad$ für $m = n$

Dies ergibt sich mittels Induktion aus 12.4.

12.6 Ist k ein Funktionenkörper vom Transzendenzgrad n über einem reell abgeschlossenen Grundkörper, und ist die "Funktion" f aus k als Summe von Quadraten in k darstellbar, so ist f auch als Summe von höchstens 2^n Quadraten aus k darstellbar (vgl. Pfister [4]).

Zum Beweis setze nämlich $\rho = 2^n = (1 \oplus 1)^n$. Dann ist nach (25) jede Quadratsumme $\neq 0$ durch ρ darstellbar.

12.7 Es gelten dieselben Voraussetzungen wie in 12.4. Ist ρ außerdem ein Torsionselement in $\mathfrak{W}(k)$, so ist ρ <u>isotrop</u>, falls m > n, und <u>universell</u>, falls m = n.

Ist ρ nämlich ein Torsionselement in $\mathfrak{W}(k)$, so gibt es jedenfalls eine natürliche Zahl i, so daß die Form $2^i \times \rho = 2^i \rho$ isotrop ist. 12.7 ergibt sich also unmittelbar aus 12.5.

Im weiteren werden wir folgenden <u>Hilfssatz</u> benutzen:

12.8 Für k gelte (T_n). Ist dann ρ eine quadratische Form über k, so gibt es zu vorgegebenen natürlichen Zahlen j und d mit

$$(26) \qquad \dim \rho - 2^j d \geq (2^n - 1)(2^j - 1)$$

eine quadratische Form τ über k mit den folgenden beiden Eigenschaften:

$(27) \qquad 2^j \tau$ ist eine Teilform von ρ
$(28) \qquad \dim(\tau) = d$

<u>Beweis:</u> (i) Zuerst sei j = d = 1. Die Voraussetzung (26) lautet in diesem Fall

(29) $$\dim \rho \geq 2 + (2^n-1) > 2^n$$

Wegen (T_n) ist also ρ isotrop über $k(i)$. Nach 10.1 enthält ρ daher eine Teilform der Gestalt $a(1 \oplus 1) = 2a$ jedenfalls dann, wenn ρ anisotrop über k ist. Ist ρ jedoch isotrop über k, etwa

(30) $$\rho = 1 \oplus -1 \oplus \varphi$$

mit einem gewissen φ, so ist $\dim \varphi \geq 2^n - 1 > 0$ wegen (29); mithin ist für jedes $a \neq 0$, das von φ über k dargestellt wird, $2a$ eine Teilform von ρ.

(ii) Wir zeigen nun die Behauptung für $j = 1$ und beliebiges d durch Induktion nach d. Sei also (26) mit $j = 1$ für $d > 1$ erfüllt. Dann gilt (26) erst recht für $d - 1$. Nach Induktionsannahme existiert daher eine $(d-1)$-dimensionale Form φ', so daß $2\varphi'$ eine Teilform von ρ ist. Sei etwa

$$\rho = 2\varphi' \oplus \sigma$$

Nun ist $\dim(\sigma) = \dim(\rho) - \dim(2\varphi') \geq 2d + (2^n - 1) - 2(d-1) > 2^n$. Also enthält σ nach (i) eine zweidimensionale Teilform der Gestalt $2a$. Dann ist (27) und (28) für $\tau = \varphi' \oplus a$ erfüllt.

(iii) Jetzt führen wir Induktion nach j. Sei daher (26) für $j > 1$ und $d \geq 1$ erfüllt. Zunächst bemerken wir, daß wir wegen der Gestalt von (26) ohne Einschränkung $\dim \rho$ als <u>ungerade</u> voraussetzen dürfen. Wir setzen $d' = 1/2(\dim \rho - 2^n + 1)$. Dann ist

$$\dim \rho - 2d' = 2^n - 1$$

Nach (ii) existiert also eine Form τ' der Dimension d', so daß $2\tau'$ eine Teilform von ρ ist. Nun ist $d' - 2^{j-1}d = \frac{1}{2}(\dim \rho - 2^n + 1 - 2^j d) \geq \frac{1}{2}(2^j - 2)(2^n - 1) = (2^{j-1} - 1)(2^n - 1)$

Nach Induktionsvoraussetzung enthält τ' also eine Teilform der Gestalt $2^{j-1}\tau$ mit $\dim \tau = d$. Also enthält ρ die Teilform $2^j \tau$.

Als Folgerung von 12.8 erhalten wir

12.9 Es gelte (T_n) für k. Es sei ρ eine quadratische Form über k mit
$$\dim \rho > 2^n$$
Ferner sei ρ <u>überall isotrop</u>[1]. Dann enthält ρ eine Teilform σ mit
$$\dim \sigma = \dim \rho - 1$$
welche ebenfalls überall isotrop ist.

<u>Beweis:</u> Wir wenden den Hilfssatz 12.8 mit $j = d = 1$ an. Danach ist ρ von der Gestalt
$$\rho = a \oplus a \oplus \varphi$$
mit einem gewissen φ. Man hat nun einfach
$$\sigma = a \oplus \varphi$$
zu setzen.

Eine weitere Folgerung von 12.8 ist

12.10 Es gelte (T_n) für k, und es sei $n > 1$ vorausgesetzt. Es sei ρ eine <u>anisotrope</u> Form über k mit

(31) $$\dim \rho > \tfrac{1}{2}(4^n - 2^n)$$

Dann ist k <u>reell</u> und ρ ist eine Teilform einer anisotropen Form der Dimension $1 + \dim \rho$.

<u>Beweis:</u> Wir wenden 12.8 für den Fall $d = 2$ und $j = n-1$ an. In der Tat ist aufgrund von (31) die Voraussetzung (26)

---

[1] d.h. ρ ist isotrop in jeder reell abgeschlossenen Erweiterung von k

$$\dim \rho - 2^{n-1}2 \geq (2^n - 1)(2^{n-1} - 1)$$

von 12.8 erfüllt. Es gibt daher eine zweidimensionale Form
a(1 ⊕ b) derart, daß

(32) $\quad\quad\quad \rho = 2^{n-1}a(1 \oplus b) \oplus \sigma$

mit einem gewissen σ erfüllt ist. Wegen n > 1 ist

(33) $\quad\quad\quad \dim \sigma \geq 1$

Wir nehmen nun an, k sei nicht reell, d.h. $\sqrt{-1} \in k$. Wegen
12.1 ist dann $2^{n-1}(1 \oplus b)$ universell über k, und dasselbe
gilt auch für die echte Teilform $2^{n-1}a(1 \oplus b)$ von ρ. Dies ist
aber ein Widerspruch, denn ρ war als anisotrop vorausgesetzt.
Also ist k reell. Wir betrachten jetzt die Form $2^n(1 \oplus b)$.
Sie ist nicht isotrop, denn andernfalls wäre sie als runde Form
gleich σ in $\mathfrak{W}(k)$ und die Form $2^{n-1}(1 \oplus b)$ wäre ein Torsionselement in $\mathfrak{W}(k)$; das aber ist wegen 12.7 unmöglich. Nach
12.4 gilt daher

(34) $\quad\quad\quad D(2^n(1 \oplus b)) \subseteq D(2^{n-1}(1 \oplus b))$

Wir setzen nun

$$\rho' = \rho \oplus a$$

und behaupten, daß ρ' anisotrop ist. Es ist nämlich

$D(\rho \oplus a) = D(a \oplus 2^{n-1}a(1 \oplus b)) + D(\sigma) \subseteq D(2^n a(1 \oplus b)) + D(\sigma) \subseteq$

$D(2^{n-1}a(1 \oplus b)) + D(\sigma) = D(\rho)$

Dabei haben wir 0.14 sowie (34) benutzt.

Wir bezeichnen mit M die Menge aller anisotropen, aber überall isotropen Formen (bis auf Äquivalenz). Ist k nicht-reell, so ist M einfach die Menge aller anisotropen Formen. Mit dim M bezeichnen wir das Maximum der Dimensionen aller Formen aus M. Dann gilt:

12.11 Es gelte (T_n) für k , und es sei $n > 1$. Ist k nicht reell, so gilt

(35) $\qquad \dim M \leq \frac{1}{2}(4^n - 2^n)$

Ist k reell und gilt (35) nicht, so gibt es zu jeder natürlichen Zahl i im Intervall $[2^n, \infty)$ ein ρ aus M mit $\dim \rho = i$.

Dies folgt aus 12.10 und 12.9.

LITERATUR

[1] D. Hilbert: Über die Darstellung definiter Formen als Summe von Formenquadraten, Math.A..32, 342-350 (1888)

[2] A. Pfister: Multiplikative quadratische Formen, Arch.Math. 16, 363-370 (1965)

[3] A. Pfister: Quadratische Formen in beliebigen Körpern, Inventiones math. 1, 116-132 (1966)

[4] A. Pfister: Zur Darstellung definiter Funktionen als Summe von Quadraten, Inventiones math.4, 229-236 (1967)

[5] W. Scharlau: Quadratische Formen und Galois-Cohomologie, Inventiones math.4, 238-264 (1967)

[6] W. Scharlau: Zur Pfister'schen Theorie der quadratischen Formen, Inventiones math.6, 327-328(1969)

[7] T.A. Springer: Quadratic forms over a field with a discrete valuation, Indagationes math.17,352-362(1955)

[8] C. Tsen: Zur Stufentheorie der quasialgebraisch-Abgeschlossenheit kommutativer Körper, J.Chin.Math.Soc.1, 81-92 (1936)

[9] E. Witt: Theorie der quadratischen Formen in beliebigen Körpern, Journ.reine u.angew.Math.176, 31-44 (1937)

INDEX

ähnlich 14
Ähnlichkeitsklasse 14
anisotrop 7
anisotroper Kern 9
äquivalente quadratische Formen 6
Äquivalenzklasse quadratischer Formen 14

Basistransformation 6

Cauchy'sche Ungleichung 29

dargestelltes Element 7
Determinante einer quadratischen Form 7
Diagonalform, Diagonalgestalt, Diagonalglieder 7
Dimension einer quadratischen Form 5
Diskriminante einer quadratischen Form 17

Einheiten in $\mathfrak{B}$ 50
Einsetzungsprinzip 20
endliche Körper 16, 32, 46
endlich viele Quadratklassen 46, 52
Erzeugende und definierende Relationen von $\mathfrak{B}$ 41

Formel von Witt 35
Funktionenkörper über reell abgeschlossenem Grundkörper 65, 70

Hasseprinzip 39, 61

Index 9
isotrop 7

Jacobsonradikal 61

lokale Körper 43

Matrix einer quadratischen Form 6
maximale Ideale in $\mathfrak{B}$ 60
multiplikativ 24

nicht ausgeartete quadratische Form 5
nicht reell 13, 39, 45ff, 60
nilpotente Elemente in 𝔅 37, 60ff
Nilradikal 60ff
noethersch 52
Nullteiler in 𝔅 36, 63ff

Ordnung in k 58ff, 61
Orthogonalbasis 7

Positivbereich 58
Primideale in 𝔅 45, 57ff
Produkt quadratischer Formen 8
pythagoräisch 13, 24, 50, 64
pythagoräische Hülle 54

quadratische Erweiterungen 52ff
quadratische Form 5
Quadratsummen 27ff, 70

reell 13, 39, 50ff, 60ff
reell abgeschlossen 15, 23, 39, 51, 72
rund 22

Satz von Cassels 18
Satz von Tsen 65
Satz von Witt (Wittscher Kürzungssatz) 10
Signatur 15
stark multiplikativ 25
Stufe eines Körpers 31
Summe quadratischer Formen 8

Teilform 21
Teilformensatz 20
Torsionselemente in 𝔅 36
Trägheitsindex 15

überall isotrop 72ff
universelle quadratische Form 11

Vorzeichenfunktion 58ff
Vorzeichenkombination 34

Wittscher Ring 15

Zahlkörper 32

LISTE DER ZEICHEN

$\rho(x,y)$	5		$\Pi_{\epsilon\rho}$	34
dim, dim(ρ)	5		R	39
$\cong$	6		$\mathfrak{k}$	43
S^t	6		$\otimes$	41
det, det(ρ)	7		π	43
$\rho = (a_1, a_2, \ldots, a_n)$	7		$\mathfrak{M}$	45
$\oplus$, $\rho_1 \oplus \rho_2$	8		q	47
$\rho_1 \rho_2$	8		u	47
$\rho = c_1 \oplus c_2 \oplus \ldots \oplus c_n$	8		$N_{K/k}$	54
ρ_0	9		r, r^*	55
$D(\rho)$, $\hat{D}(\rho)$	11		$i_{K/k}$	55
$m \times (1)$	13		$\mathfrak{p}$	57
$\mathfrak{m}$	13		P	58
ρ^m	13		sgn, sgn_P	58
$\mathcal{L}$	13		$\mathfrak{P}_p$	60
$\sim$, $\varphi \sim \psi$	14		$\sqrt{\sigma}$	60
$\bar{\rho}$	14		$\mathfrak{R}$	63
$\mathfrak{B} = \mathfrak{B}(k)$	14		(T_n)	65
$W = W(k)$	14		M	73
σ	15		$\mathfrak{B}^+$	16
$-\rho$	15			
$t(\rho)$	15			
$s(\rho)$	15			
dis, dis(ρ)	17			
$a\rho$	18			
$\varphi = \gamma$ in $\mathfrak{B}$	23			
$s = s(k)$	31			
$\sigma_\epsilon = (\epsilon_1, \epsilon_2, \ldots, \epsilon_n)$	34			

Offsetdruck: Julius Beltz, Weinheim/Bergstr.

Lecture Notes in Mathematics

Bisher erschienen/Already published

Vol. 1: J. Wermer, Seminar über Funktionen-Algebren. IV, 30 Seiten. 1964. DM 3,80 / $ 1.10

Vol. 2: A. Borel, Cohomologie des espaces localement compacts d'après. J. Leray. IV, 93 pages. 1964. DM 9,– / $ 2.60

Vol. 3: J. F. Adams, Stable Homotopy Theory. Third edition IV, 78 pages 1969. DM 8,– / $ 2.20

Vol. 4: M. Arkowitz and C. R. Curjel, Groups of Homotopy Classes 2nd. revised edition. IV, 36 pages. 1967. DM 4,80 / $ 1.40

Vol. 5: J.-P. Serre, Cohomologie Galoisienne Troisième édition. VIII, 214 pages. 1965 DM 18,– / $ 5 00

Vol. 6: H. Hermes, Eine Termlogik mit Auswahloperator. IV, 42 Seiten. 1965. DM 5,80 / $ 1.60

Vol 7: Ph. Tondeur, Introduction to Lie Groups and Transformation Groups Second edition VIII, 192 pages 1969 DM 14,– / $ 3.30

Vol. 8: G. Fichera, Linear Elliptic Differential Systems and Eigenvalue Problems. IV, 176 pages. 1965. DM 13,50 / $ 3.80

Vol. 9: P. L. Ivănescu, Pseudo-Boolean Programming and Applications IV, 50 pages. 1965. DM 4,80 / $ 1.40

Vol. 10: H. Lüneburg, Die Suzukigruppen und ihre Geometrien. VI, 111 Seiten. 1965. DM 8,– / $ 2.20

Vol. 11: J.-P. Serre, Algèbre Locale. Multiplicités. Rédigé par P. Gabriel. Seconde édition. VIII, 192 pages. 1965. DM 12,– / $ 3.30

Vol. 12: A. Dold, Halbexakte Homotopiefunktoren. II, 157 Seiten. 1966. DM 12,– / $ 3.30

Vol. 13: E. Thomas, Seminar on Fiber Spaces. IV, 45 pages. 1966. DM 4,80 / $ 1.40

Vol 14: H. Werner, Vorlesung über Approximationstheorie. IV, 184 Seiten und 12 Seiten Anhang. 1966. DM 14,– / $ 3.90

Vol. 15: F. Oort, Commutative Group Schemes. VI, 133 pages. 1966. DM 9,80 / $ 2.70

Vol. 16: J Pfanzagl and W. Pierlo, Compact Systems of Sets. IV, 48 pages. 1966. DM 5,80 / $ 1.60

Vol. 17: C. Müller, Spherical Harmonics IV, 46 pages. 1966. DM 5,– / $ 1.40

Vol 18: H.-B. Brinkmann und D. Puppe, Kategorien und Funktoren XII, 107 Seiten, 1966. DM 8,– / $ 2.20

Vol. 19: G. Stolzenberg, Volumes, Limits and Extensions of Analytic Varieties. IV, 45 pages. 1966. DM 5,40 / $ 1.50

Vol. 20: R. Hartshorne, Residues and Duality VIII, 423 pages. 1966 DM 20,– / $ 5.50

Vol. 21: Seminar on Complex Multiplication. By A. Borel, S. Chowla, C. S. Herz, K. Iwasawa, J.-P. Serre. IV, 102 pages. 1966. DM 8, –/$ 2.20

Vol. 22: H. Bauer, Harmonische Räume und ihre Potentialtheorie. IV, 175 Seiten 1966 DM 14,– / $ 3.90

Vol. 23: P. L Ivănescu and S Rudeanu, Pseudo-Boolean Methods for Bivalent Programming. 120 pages. 1966. DM 10,– / $ 2.80

Vol. 24: J. Lambek, Completions of Categories IV, 69 pages 1966 DM 6,80 / $ 1.90

Vol. 25: R. Narasimhan, Introduction to the Theory of Analytic Spaces IV, 143 pages. 1966. DM 10,– / $ 2.80

Vol. 26: P.-A. Meyer, Processus de Markov IV, 190 pages 1967. DM 15,– / $ 4 20

Vol. 27: H. P. Künzi und S. T. Tan, Lineare Optimierung großer Systeme VI, 121 Seiten. 1966. DM 12,– / $ 3.30

Vol. 28: P. E. Conner and E. E. Floyd, The Relation of Cobordism to K-Theories. VIII, 112 pages. 1966. DM 9,80 / $ 2.70

Vol. 29: K. Chandrasekharan, Einführung in die Analytische Zahlentheorie. VI, 199 Seiten. 1968. DM 16,80 / $ 4.70

Vol. 30: A. Frölicher and W. Bucher, Calculus in Vector Spaces without Norm. X, 146 pages 1966. DM 12,– / $ 3.30

Vol. 31: Symposium on Probability Methods in Analysis. Chairman D. A. Kappos.IV, 329 pages. 1967. DM 20,– / $ 5.50

Vol. 32: M. André, Méthode Simpliciale en Algèbre Homologique et Algèbre Commutative. IV, 122 pages. 1967. DM 12,– / $ 3.30

Vol. 33: G. I. Targonski, Seminar on Functional Operators and Equations. IV, 110 pages. 1967. DM 10,– / $ 2.80

Vol. 34: G. E. Bredon, Equivariant Cohomology Theories VI, 64 pages 1967. DM 6,80 / $ 1.90

Vol. 35: N. P. Bhatia and G. P. Szegö, Dynamical Systems. Stability Theory and Applications. VI, 416 pages. 1967. DM 24,– / $ 6.60

Vol. 36: A. Borel, Topics in the Homology Theory of Fibre Bundles. VI, 95 pages. 1967. DM 9,– / $ 2.50

Vol. 37: R. B. Jensen, Modelle der Mengenlehre. X, 176 Seiten. 1967. DM 14, / $ 3.90

Vol. 38: R. Berger, R. Kiehl, E. Kunz und H.-J. Nastold, Differentialrechnung in der analytischen Geometrie IV, 134 Seiten. 1967 DM 12, / $ 3.30

Vol. 39: Séminaire de Probabilités I II, 189 pages 1967. DM 14, – / $ 3.90

Vol. 40: J. Tits, Tabellen zu den einfachen Lie Gruppen und ihren Darstellungen. VI, 53 Seiten. 1967. DM 6.80 / $ 1.90

Vol. 41: A. Grothendieck, Local Cohomology. VI, 106 pages. 1967. DM 10,– / $ 2.80

Vol. 42: J. F. Berglund and K. H. Hofmann, Compact Semitopological Semigroups and Weakly Almost Periodic Functions. VI, 160 pages. 1967. DM 12, / $ 3.30

Vol. 43: D. G. Quillen, Homotopical Algebra VI, 157 pages. 1967. DM 14,– / $ 3.90

Vol 44: K. Urbanik, Lectures on Prediction Theory. IV, 50 pages. 1967. DM 5,80 / $ 1.60

Vol. 45: A. Wilansky, Topics in Functional Analysis VI, 102 pages. 1967. DM 9,60 / $ 2.70

Vol 46: P E. Conner, Seminar on Periodic Maps IV, 116 pages. 1967. DM 10,60 / $ 3 00

Vol. 47: Reports of the Midwest Category Seminar I. IV, 181 pages. 1967. DM 14,80 / $ 4.10

Vol. 48: G. de Rham, S. Maumary et M. A. Kervaire, Torsion et Type Simple d'Homotopie IV, 101 pages. 1967. DM 9,60 / $ 2.70

Vol. 49: C. Faith, Lectures on Injective Modules and Quotient Rings. XVI, 140 pages. 1967. DM 12,80 / $ 3.60

Vol. 50: L. Zalcman, Analytic Capacity and Rational Approximation VI, 155 pages. 1968. DM 13.20 / $ 3.70

Vol. 51: Séminaire de Probabilités II IV, 199 pages. 1968. DM 14, – / $ 3.90

Vol. 52: D. J. Simms, Lie Groups and Quantum Mechanics. IV, 90 pages 1968. DM 8,– / $ 2.20

Vol. 53: J. Cerf, Sur les difféomorphismes de la sphère de dimension trois ($\Gamma_4 =$ O). XII, 133 pages. 1968. DM 12,– / $ 3.30

Vol. 54: G. Shimura, Automorphic Functions and Number Theory. VI, 69 pages. 1968. DM 8,– / $ 2.20

Vol. 55: D. Gromoll, W. Klingenberg und W. Meyer, Riemannsche Geometrie im Großen. VIII, 287 Seiten. 1968. DM 20, – / $ 5.50

Vol. 56: K. Floret und J. Wloka, Einführung in die Theorie der lokalkonvexen Räume. VIII, 194 Seiten. 1968. DM 16,– / $ 4.40

Vol. 57: F. Hirzebruch und K. H. Mayer, O (n)-Mannigfaltigkeiten, exotische Sphären und Singularitäten. IV, 132 Seiten. 1968. DM 10,80 / $ 3.00

Vol 58: Kuramochi Boundaries of Riemann Surfaces. IV, 102 pages. 1968. DM 9,60 / $ 2.70

Vol. 59: K. Jänich, Differenzierbare G-Mannigfaltigkeiten. VI, 89 Seiten. 1968. DM 8,– / $ 2.20

Vol. 60: Seminar on Differential Equations and Dynamical Systems Edited by G. S. Jones. VI, 106 pages. 1968. DM 9,60 / $ 2.70

Vol. 61: Reports of the Midwest Category Seminar II IV, 91 pages 1968 DM 9,60 / $ 2.70

Vol. 62: Harish-Chandra, Automorphic Forms on Semisimple Lie Groups X, 138 pages. 1968. DM 14, – / $ 3.90

Vol. 63: F Albrecht, Topics in Control Theory. IV, 65 pages. 1968. DM 6,80 / $ 1.90

Vol. 64: H. Berens, Interpolationsmethoden zur Behandlung von Approximationsprozessen auf Banachräumen. VI, 90 Seiten. 1968. DM 8,– / $ 2 20

Vol 65: D Kölzow, Differentiation von Maßen. XII, 102 Seiten 1968 DM 8,– / $ 2 20

Vol. 66: D Ferus, Totale Absolutkrümmung in Differentialgeometrie und -topologie VI, 85 Seiten. 1968. DM 8,–/ $ 2 20

Vol. 67: F. Kamber and P. Tondeur, Flat Manifolds. IV, 53 pages. 1968. DM 5,80 / $ 1.60

Vol. 68: N Boboc und P. Mustată, Espaces harmoniques associés aux opérateurs différentiels linéaires du second ordre de type elliptique. VI, 95 pages. 1968. DM 8,60 / $ 2.40

Vol. 69: Seminar über Potentialtheorie Herausgegeben von H. Bauer. VI, 180 Seiten. 1968. DM 14,80 / $ 4.10

Vol. 70: Proceedings of the Summer School in Logic Edited by M H Löb. IV, 331 pages. 1968. DM 20,– / $ 5.50

Vol. 71: Séminaire Pierre Lelong (Analyse), Année 1967 – 1968. VI, 19 pages. 1968. DM 14,– / $ 3.90

Bitte wenden / Continued

Vol. 72: The Syntax and Semantics of Infinitary Languages Edited by J. Barwise. IV, 268 pages. 1968. DM 18,– / $ 5.00

Vol. 73: P. E. Conner, Lectures on the Action of a Finite Group IV, 123 pages. 1968. DM 10, – / $ 2.80

Vol. 74: A. Fröhlich, Formal Groups. IV, 140 pages 1968. DM 12, – / $ 3 30

Vol. 75: G. Lumer, Algèbres de fonctions et espaces de Hardy VI, 80 pages. 1968. DM 8, – / $ 2.20

Vol. 76: R. G. Swan, Algebraic K-Theory. IV, 262 pages. 1968 DM 18, – / $ 5.00

Vol. 77: P.-A. Meyer, Processus de Markov: la frontière de Martin. IV, 123 pages. 1968. DM 10, - / $ 2.80

Vol. 78: H. Herrlich, Topologische Reflexionen und Coreflexionen. XVI, 166 Seiten 1968. DM 12, – / $ 3.30

Vol. 79: A. Grothendieck, Catégories Cofibrées Additives et Complexe Cotangent Relatif IV, 167 pages. 1968. DM 12, – / $ 3 30

Vol. 80: Seminar on Triples and Categorical Homology Theory. Edited by B. Eckmann. IV, 398 pages. 1969. DM 20, – / $ 5.50

Vol. 81: J.-P. Eckmann et M. Guenin, Méthodes Algébriques en Mécanique Statistique. VI, 131 pages. 1969. DM 12, – / $ 3.30

Vol. 82: J. Wloka, Grundräume und verallgemeinerte Funktionen. VIII, 131 Seiten. 1969. DM 12, – / $ 3.30

Vol. 83: O. Zariski, An Introduction to the Theory of Algebraic Surfaces IV, 100 pages. 1969. DM 8, – / $ 2.20

Vol. 84: H. Lüneburg, Transitive Erweiterungen endlicher Permutationsgruppen. IV, 119 Seiten. 1969. DM 10. – / $ 2.80

Vol. 85: P. Cartier et D. Foata, Problèmes combinatoires de commutation et réarrangements. IV, 88 pages. 1969. DM 8, – / $ 2 20

Vol. 86: Category Theory, Homology Theory and their Applications I Edited by P. Hilton. VI, 216 pages. 1969. DM 16, – / $ 4.40

Vol. 87: M. Tierney, Categorical Constructions in Stable Homotopy Theory. IV, 65 pages. 1969. DM 6, – / $ 1.70

Vol. 88: Séminaire de Probabilités III. IV, 229 pages 1969 DM 18, – / $ 5.00

Vol. 89: Probability and Information Theory. Edited by M. Behara, K. Krickeberg and J. Wolfowitz. IV, 256 pages. 1969. DM 18, – / $ 5.00

Vol. 90: N. P. Bhatia and O Hajek, Local Semi-Dynamical Systems II, 157 pages. 1969. DM 14, – / $ 3.90

Vol. 91: N. N. Janenko, Die Zwischenschrittmethode zur Lösung mehrdimensionaler Probleme der mathematischen Physik. VIII. 194 Seiten. 1969. DM 16,80 / $ 4 70

Vol. 92: Category Theory, Homology Theory and their Applications II Edited by P. Hilton. V, 308 pages. 1969. DM 20, – / $ 5 50

Vol. 93: K. R. Parthasarathy, Multipliers on Locally Compact Groups III, 54 pages. 1969. DM 5,60 / $ 1.60

Vol. 94: M. Machover and J. Hirschfeld, Lectures on Non-Standard Analysis. VI, 79 pages. 1969 DM 6, – / $ 1.70

Vol. 95: A. S. Troelstra, Principles of Intuitionism. II, 111 pages 1969 DM 10, – / $ 2.80

Vol. 96: H.-B. Brinkmann und D. Puppe, Abelsche und exakte Kategorien, Korrespondenzen. V, 141 Seiten. 1969. DM 10, – / $ 2.80

Vol. 97: S. O. Chase and M. E. Sweedler, Hopf Algebras and Galois theory. II, 133 pages. 1969. DM 10, – / $ 2.80

Vol. 98: M. Heins, Hardy Classes on Riemann Surfaces III, 106 pages 1969. DM 10, – / $ 2.80

Vol. 99: Category Theory, Homology Theory and their Applications III Edited by P Hilton IV, 489 pages 1969. DM 24, – / $ 6 60

Vol. 100: M. Artin and B Mazur, Etale Homotopy II, 196 Seiten 1969. DM 12, – / $ 3.30

Vol. 101: G. P. Szegö et G. Treccani, Semigruppi di Trasformazioni Multivoche. VI, 177 pages. 1969. DM 14, – / $ 3.90

Vol. 102: F. Stummel, Rand- und Eigenwertaufgaben in Sobolewschen Räumen. VIII, 386 Seiten. 1969. DM 20, – / $ 5.50

Vol. 103: Lectures in Modern Analysis and Applications I Edited by C. T Taam. VII, 162 pages. 1969. DM 12, – / $ 3.30

Vol. 104: G. H. Pimbley, Jr., Eigenfunction Branches of Nonlinear Operators and their Bifurcations. II, 128 pages 1969. DM 10, – / $ 2.80

Vol. 105: R. Larsen, The Multiplier Problem VII. 284 pages 1969 DM 18, – / $ 5.00

Vol. 106: Reports of the Midwest Category Seminar III Edited by S Mac Lane III, 247 pages. 1969. DM 16, – / $ 4 40

Vol. 107: A. Peyerimhoff, Lectures on Summability III, 111 pages 1969. DM 8, – / $ 2.20

Vol. 108: Algebraic K-Theory and its Geometric Applications. Edited by R M.F Moss and C. B. Thomas IV, 86 pages. 1969. DM 6, – / $ 1.70

Vol. 109: Conference on the Numerical Solution of Differential Equations. Edited by J. Ll. Morris. VI, 275 pages. 1969. DM 18, / $ 5.00

Vol. 110: The Many Facets of Graph Theory. Edited by G. Chartrand and S. F Kapoor. VIII, 290 pages. 1969. DM 18, – / $ 5.00

Vol. 111: K. H. Mayer, Relationen zwischen charakteristischen Zahlen. III, 99 Seiten. 1969. DM 8, – / $ 2.20

Vol. 112: Colloquium on Methods of Optimization. Edited by N. N. Moiseev. IV, 293 pages. 1970. DM 18, – / $ 5.00

Vol 113: R. Wille, Kongruenzklassengeometrien. III, 99 Seiten 1970 DM 8, – / $ 2.20

Vol 114: H. Jacquet and R P. Langlands, Automorphic Forms on GL (2). VII, 548 pages. 1970. DM 24 / $ 6.60

Vol 115: K H Roggenkamp and V Huber-Dyson, Lattices over Orders I XIX, 290 pages 1970 DM 18, – / $ 5.00

Vol 116: Séminaire Pierre Lelong (Analyse) Année 1969 IV, 195 pages 1970. DM 14, – / $ 3 90

Vol. 117: Y. Meyer, Nombres de Pisot, Nombres de Salem et Analyse Harmonique. 63 pages. 1970 DM 6. – / $ 1.70

Vol. 118: Proceedings of the 15th Scandinavian Congress, Oslo 1968. Edited by K. E. Aubert and W. Ljunggren. IV, 162 pages. 1970. DM 12, – / $ 3.30

Vol. 119: M. Raynaud, Faisceaux amples sur les schémas en groupes et les espaces homogènes. III, 219 pages. 1970. DM 14, – / $ 3.90

Vol. 120: D. Siefkes, Büchi's Monadic Second Order Successor Arithmetic XII, 130 Seiten. 1970. DM 12, – / $ 3.30

Vol 121: H S Bear, Lectures on Gleason Parts. III, 47 pages. 1970. DM 6, – /$ 1 70

Vol. 122: H. Zieschang, E. Vogt und H.-D. Coldewey, Flächen und ebene diskontinuierliche Gruppen. VIII, 203 Seiten. 1970. DM 16, – / $ 4 40

Vol. 123: A. V. Jategaonkar Left Principal Ideal Rings. VI, 145 pages 1970. DM 12, – / $ 3.30

Vol 124: Séminaire de Probabilités IV. Edited by P A. Meyer. IV, 282 pages 1970 DM 20, – / $ 5 50

Vol 125: Symposium on Automatic Demonstration V, 310 pages.1970. DM 20, – / $ 5.50

Vol 126: P. Schapira. Théorie des Hyperfonctions. XI,157 pages 1970. DM 14, – / $ 3.90

Vol 127: I Stewart, Lie Algebras IV, 97 pages 1970 DM 10, – / $ 2.80

Vol. 128: M Takesaki, Tomita's Theory of Modular Hilbert Algebras and its Applications. II, 123 pages 1970 DM 10, – / $ 2.80

Vol 129: K H Hofmann, The Duality of Compact Semigroups and C*- Bigebras XII, 142 pages. 1970 DM 14, – / $ 3 90

Vol. 130: F. Lorenz, Quadratische Formen über Körpern. II, 77 Seiten. 1970. DM 8, – / $ 2.20

MIX
Papier aus verantwortungsvollen Quellen
Paper from responsible sources
FSC® C105338

If you have any concerns about our products,
you can contact us on
ProductSafety@springernature.com

In case Publisher is established outside the EU,
the EU authorized representative is:
**Springer Nature Customer Service Center GmbH
Europaplatz 3, 69115 Heidelberg, Germany**

Printed by Libri Plureos GmbH
in Hamburg, Germany